JN029038

はじめに

建築現場で足場材として使われている足場パイプ。水道管や通気管などの配管でよく使われる塩ビパイプ。ホームセンターでよく見かける、でも使い方がわからないから買ったことがない資材のひとつではないでしょうか。じつは、建築工事や配管工事のプロでなくても、簡単に切ったり組み立てたりできる使いやすい資材です。

本書で登場する足場パイプと塩ビパイプの活用名人には、パイプを足場材や配管として使っている人はほとんどいません。思い思いにパイプを輪切りにしたり、縦に切ったり、ジョイント（継手）を使って立体的に組み立てたり……。足場パイプを、「簡単に設置・延長・解体でき、鉄道模型並みに自由度がある」といって、なんとトロッコのレールにした農家もいました。塩ビパイプを、「レゴブロックみたいにいろんな種類を組み合わせられる」といって、一輪車の持ち手やテープ止め器などを次々に発明している農家もいます。

少し失敗してしまっても大丈夫。安くて加工しやすいのが足場パイプや塩ビパイプのメリットです。パイプ名人達も、「あとからなんとでもなる」といって、日々作っては改良、修理を加えています。本書で紹介する名人が教えてくれたコツは、名人がかつて失敗したポイントでもありました。

本書で紹介するのは、そんな失敗を経て、改良が重ねられた全国の農家の塩ビパイプと足場パイプの使い方です。本誌『現代農業』を読んでマネをして作ってみたり、何年もかけて改良を重ねたりした知恵と工夫が光る道具や建物の数々を写真や図を中心に再編集しました。

自分の身長にあった一輪車も、自分の畑の株間にピッタリあった植え穴開け器も、ちょうどいい大きさと強度の棚もどこにも売ってないし設計図もありません。簡単に切って組み立てられる塩ビパイプと足場パイプを使って、かゆいところに手が届くちょうどいいものをまずは作ってみてはどうでしょうか。

「毎日の農作業の中でしんどいなぁ、不便やなぁって思うことありますやろ。それをもう少しラクにする方法、ご飯を食べるときも寝るときも考えるんです」と本書に登場する農家はいっています。そんなとき、本書が「まずはやってみる」みなさんのお役に立てば幸いです。

2021年3月

一般社団法人　農山漁村文化協会

目次

第2章　頑丈足場パイプで働きやすく

＊執筆者・取材先の情報（肩書、所属など）製品の情報については『現代農業』および『季刊地域』掲載時のものです。
本書では単管パイプ（農業用ハウスパイプ）も一部足場パイプとして紹介しています。

序章
パイプでなんでも作る

塩ビパイプで便利グッズいろいろ

大阪府泉佐野市●野出（ので）良之さん

背が高い野出さんでも塩ビパイプの取っ手を持つと一輪車が水平になる

塩ビくん

溶接不要、ノコギリで切れる

また間違えられた。これで3回目――。野出良之さんと一緒にホームセンターを見学していると、野出さんを店員と間違えて、背後にはいつの間にかお客さんの列ができている。

だが無理もない。塩ビパイプ売り場を前にした野出さんの口からは「塩ビパイプには給水（水道）用と排水用があって……」「継手のエルボやチーズもこんな小さいのからあって……」と熱い塩ビパイプ話が出てくる出てくる。じつは野出さん、塩ビパイプで農作業をラクにする道具をこれまでにたくさん発明してきた。

「これ全部塩ビパイプですわ」。倉庫には自慢の道具がズラリ。T字型をしたチーズや90度に曲がったエルボを組み合わせた道具、穴を開けたり変形させたりして作った道具などなど、細かいものまで数えると10個以上もある。

「ノコギリで簡単に切れて、溶接もいらない。誰でも簡単に加工できる手軽さが塩ビパイプのいいところ」

そんな塩ビパイプ愛あふれる野出さんに、自慢の塩ビパイプ道具を披露していただいた。

一輪車の悩み解決

「私、身長が182cmあるんやけど、ふつうに持つと荷物が前にズレていっちゃうんですよね。それを気にして作業すると腰が痛くて」

そう言いながら野出さんがまず出してきたのは一輪車。ポイントは持ち手にある。野出さんの一輪車の取っ手には、塩ビパイプで手提げカバンのようなかわいい持ち手が

ホースのアタッチメント

畑かん水用。
先端がつぶしてある

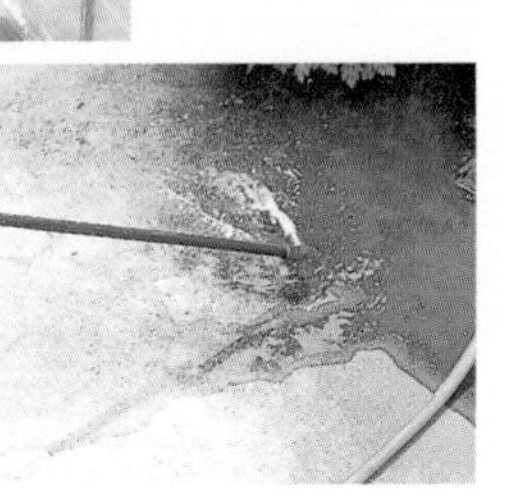

ナスの苗のかん水用は長いパイプの先端にエルボ。勢いを弱めた水を根元に横からやれるので苗が倒れにくいうえ、立ったままで作業できる

一輪車に持ち手

持ち手の塩ビパイプは紺色、衝撃に強いタイプ（11ページ）の給水用パイプ。一輪車の取っ手には、塩ビパイプを建物に固定する金具で取り付けた。膝あては太めの塩ビパイプを縦に切り、はめこんだだけ

軽トラに載せるときも痛くない

取り付けられている。なるほど、ここを持つと一輪車が水平になった。背の高い人ならではの悩みを解決したアイデアだ。

一輪車にはもう一カ所塩ビパイプが使われていた。ナスなどを収穫しながらウネの端で旋回するときや、一輪車を軽トラの荷台に載せる際に、膝で一輪車を押して支えても痛くないように塩ビパイプでカバーしてあるのだ。

用途に合わせたホースのアタッチメント

倉庫の外に並べてくれたのはホースの先端に付けるアタッチメント。長靴の泥落とし用、ナスの苗用、庭木用などいろんな用途のものがある。

その中でも野出さん一押しなのが、畑かん水用アタッチメント。見た目はホースを指先でつぶしたような形状をしている。蛇口をひねると扇形に水が広がりきれいな弧を描いて噴き出してきた。塩ビパイプの先端をバーナーで熱した後、カマボコ板でつぶすだけで簡単に作れるのだそうだ。

「これを使うと、遠くまで広い範囲に水を飛ばせるし、土を掘り返すこともないんですよ」

ふつう、ホースの先からそのまま水やりをすると、水は一カ所にしかかけられないし、水の勢いが強いと地面を掘ってしまう。ここら辺では、かん水に井戸水を使うことが多いのだが、水を霧状にできる市販のノズルでは目詰まりしてしまい使い物にならないのだそうだ。ホースの先端に軍手をくくる人も多いが、軍手をつたってボタボタと水が落ちてしまって遠くへ飛ばない。そこで、野出さんはこのアタッチメントを50mホースにつないで畑で使っている。

これならイライラしない、じゃばらの塩ビパイプ

「360度回る。これがほんまにすごいんですわ～」とクネクネさせながら取り出したのは、最近、ホームセンターで発見したという塩ビ製のじゃばらホース。

かん水するとき、持ち手部分のホースがクネッとつぶれて水が出にくいことがある。そんなときはホースを肩にまわして折れないようにするのだが、面倒くさくて……。その点、これを先ほどの畑かん水用アタッチメントとホースの間に入れて使うと、どんな角度で持っても、ホースを片手で持っても絶対に折れない。水が出にくくてイライラすることがない。ホースをあっちこっち向けながら、「あまりにも便利だから近所の人にも教えてあげたら、ものすごい喜ばれた」と野出さんニコニコである。

大絶賛のじゃばら型塩ビホースを見つけられたのも、暇さえあればホームセンターに通う野出さんの探究心の賜物だ。

粒剤・粉剤同時散布器

次に取り出したのは、なにやら塩ビパイプの先端にお茶のポットが2個付いた道具。定植穴に粒剤と粉剤の2種類の農薬を立ったまま同時に散布できるおすすめグッズだ。

お茶ポットの底にはそれぞれ小さい穴がいくつも開いていて、定植穴にシャッシャッと振ると、ふりかけの要領で農薬が出るようになっている。

「中に入ってる小さい塩ビがポイント」と、野出さんが柄のフタを取ってひっくり返すと、一回り小さい塩ビパイプが出てきた。

「粒子が小さい粉状のクスリは小麦粉みたいに途中で出にくくなりますよね。それはこれで解消」

道具を振ると、中の塩ビパイプが振動して粉が出やすくなる仕組み。柄とポットをボルトでつないで振動をつたわりやすくするのがポイントなのだそうだ。

「必要は発明の母」ですわ

「毎日の農作業の中でしんどいなぁ、不便やなぁって思うことありますやろ。それをもう少しラクにする方法を、ご飯食べるときも寝るときも考えるんです」

そして、ひらめいたらどんなに忙しくてもすぐ作って使ってみる。そんなときに塩ビパイプは加工しやすいし、レゴブロックみたいにいろんな種類を組み合わせられるのも楽しみのひとつなのだ。軽いし、丈夫だし、油にも強くて、野ざらしにしてても劣化しにくいと魅力的なことばかり。できた道具で作業もラクになると「やったー克服したー!」って野出さんは本当に嬉しい。

「辛いことでも絶対に解決策がある。だから、農業って非常に楽しいねん!」

野出さんの塩ビパイプコレクションはまだまだ増えていきそうだ。

あっぱれ
塩ビパイプ

野出さんのパイプグッズ大公開！

粒剤・粉剤同時農薬散布器

2種類の農薬を同じ場所にまける。柄の塩ビパイプを含めて全長120㎝

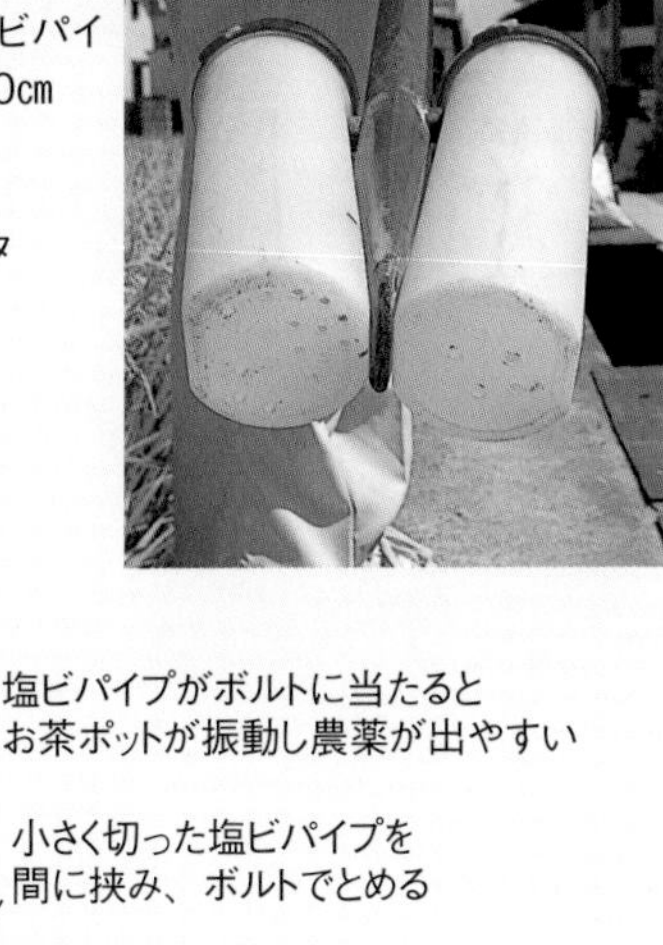

フタ

塩ビパイプがボルトに当たるとお茶ポットが振動し農薬が出やすい

小さく切った塩ビパイプを間に挟み、ボルトでとめる

先端をつぶす

お茶ポットの底の穴の大きさや数は、農薬に合わせる

ジャバラホース・泥落とし

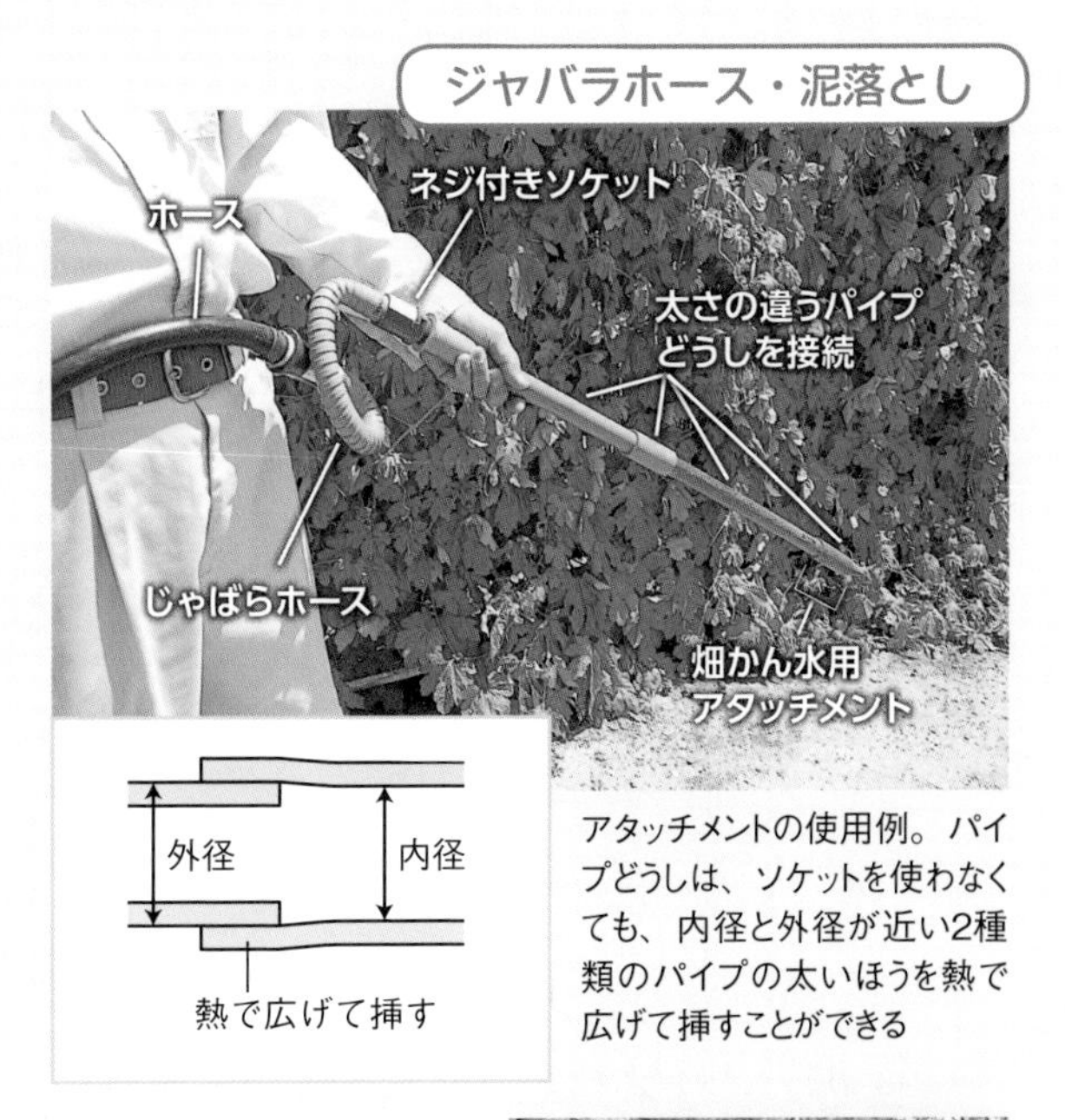

外径

内径

熱で広げて挿す

アタッチメントの使用例。パイプどうしは、ソケットを使わなくても、内径と外径が近い2種類のパイプの太いほうを熱で広げて挿すことができる

長靴の泥落とし用。パイプの先端に、小さい穴の開いたフタを付けた。高圧の水が噴き出る仕組み

段ボール底のテープ止め器

複数の種類の段ボールを固定して底をテープ止めできる

1000mテープ用テープカッター。何回もテープを取り換えるのが面倒という人におすすめ

植え穴開け器

車輪を回転させキャベツの定植穴を開ける道具。塩ビパイプ（直径25㎜、長さ100㎜）を長いボルトで車輪に固定してある

塩ビパイプ利用名人に聞く

塩ビパイプの基礎知識

千葉県鴨川市●飯田哲夫さん

塩ビパイプの太陽熱温水器が大活躍

この夏は、連日の猛暑で60度を超える日が続いたという。飯田哲夫さん手作りの太陽熱温水器で沸いたお湯の話だ。

塩ビパイプを主な材料に作って3年目。デジタルタイマー付きで、冬は夕方4時から16分間、夏は5時から16分間、毎日同時刻になると、温水器から湯船に一定量のお湯が注ぎ込まれる。野良仕事を終えて帰れば、すぐひとっ風呂。お日様のエネルギーで沸いた熱々の風呂が家で待っている。もちろん、60度もあっては湯船に浸かれないので、激夏の今年は毎日井戸水でうめて入るほど。太陽熱温水器、大活躍だった。

飯田さんはなんでも手作りするのが好きで、こうじや味噌も自分で仕込む。工作好きは、中学生のころにアマチュア無線を始めて以来だ。太陽熱温水器の後にも、塩ビパイプを使ってエダマメ莢むき機（26ページ）や貯蔵庫（102ページ）を作ったりした。土地改良区の理事をしてきたので塩ビパイプには馴染みがあったが、「VP」や「VU」といった種類があるのは温水器を自作したとき初めて知ったそうだ。今では塩ビパイプの利用名人の飯田さんに、塩ビパイプの基礎知識について教えていただいた。

塩ビパイプってなに？

塩ビパイプ、もしくは塩ビ管は、正式には「**硬質塩化ビニル管**」という。本来は水を通すために使われる地味なネズミ色のパイプ。**定尺は4m**だが、ホームセンターに行くと1mに切断したものから売られている。

飯田さんと太陽熱温水器

塩ビパイプにはVPとVUがある

呼び径、外径、内径

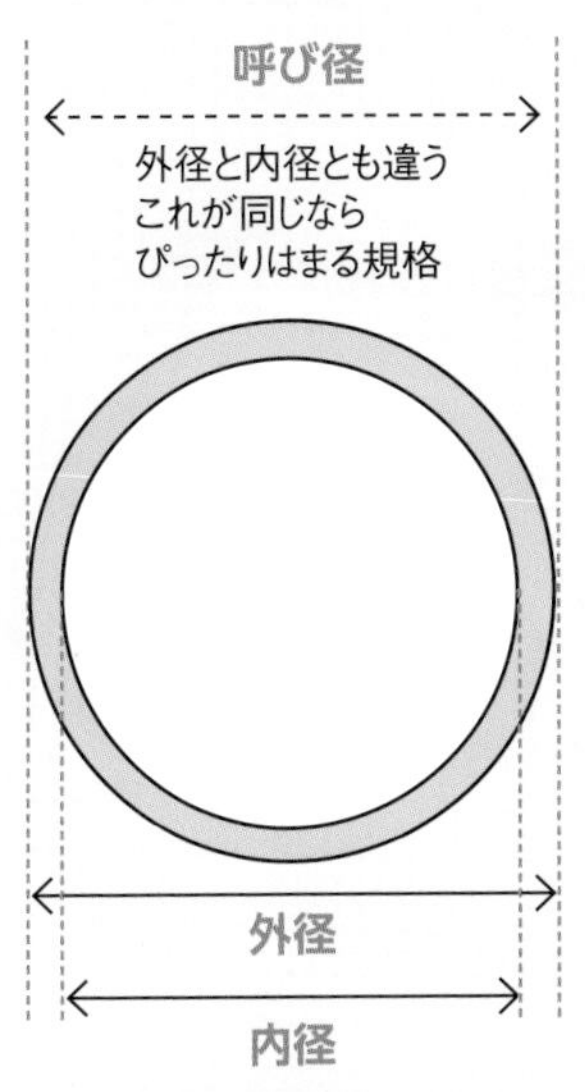

VP		VU
給水（水道）用	用途	排水用
肉厚	厚さ	薄い
高い	価格	安い

＊価格は重量に比例するそう。直径50㎜のパイプの場合、VPは1500円、VUは788円と2倍近い差が

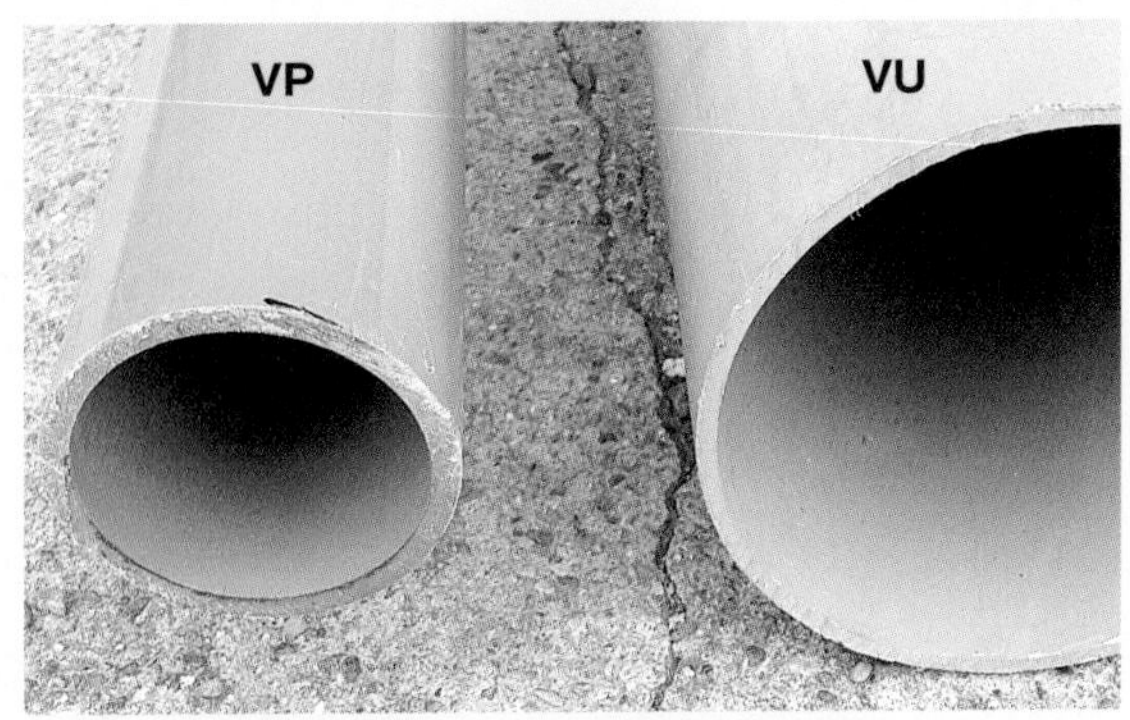

左はVP50で厚みは4.5㎜、右はVU100（再生管）で厚みは3.4㎜。VPのほうが肉厚

塩ビパイプの規格

区分	VP		VU	
呼び径 ㎜	外径（㎜）	内径（㎜）	外径（㎜）	内径（㎜）
13	18	13	排水用のVUは40㎜以上の規格しかない	
16	22	16		
20	26	20		
25	32	25		
30	38	31		
40	48	40	48	44
50	60	51	60	56
65	76	67	76	71
75	89	77	89	83
100	114	100	114	107
125	140	125	140	131
150	165	146	165	154
200	216	194	216	202
250	267	240	267	250
300	318	286	318	298
350	水道用のVPは350㎜以上の太いパイプはない		370	348
400			420	395
450			470	442
500			520	489
600			630	592
700			732	687
800			835	783

＊パイプによって若干の誤差は許容されている

安いVPもある

VUには、リサイクル原料で作られた「**再生管**」という安いパイプがある。同じホームセンターでは、100㎜のVUが1500円だったのに対して、再生VUは1050円。飯田さんの太陽熱温水器では、水をためるタンクに100㎜の再生VUを使っている。

衝撃や熱に強いVPもある

HIVP	・耐衝撃性硬質塩化ビニル管 ・紺色 ・ふつうのVPより衝撃に強い ・価格はVPの2倍前後
HTVP	・耐熱性硬質塩化ビニル管 ・茶色 ・普通のVPより高温に強い ・価格はVPの3～4倍

継手を活用

塩ビパイプは、継手を間に挟むことで、角度を変えたり、分岐させたり、太さの異なるパイプどうしをつないだりできる。

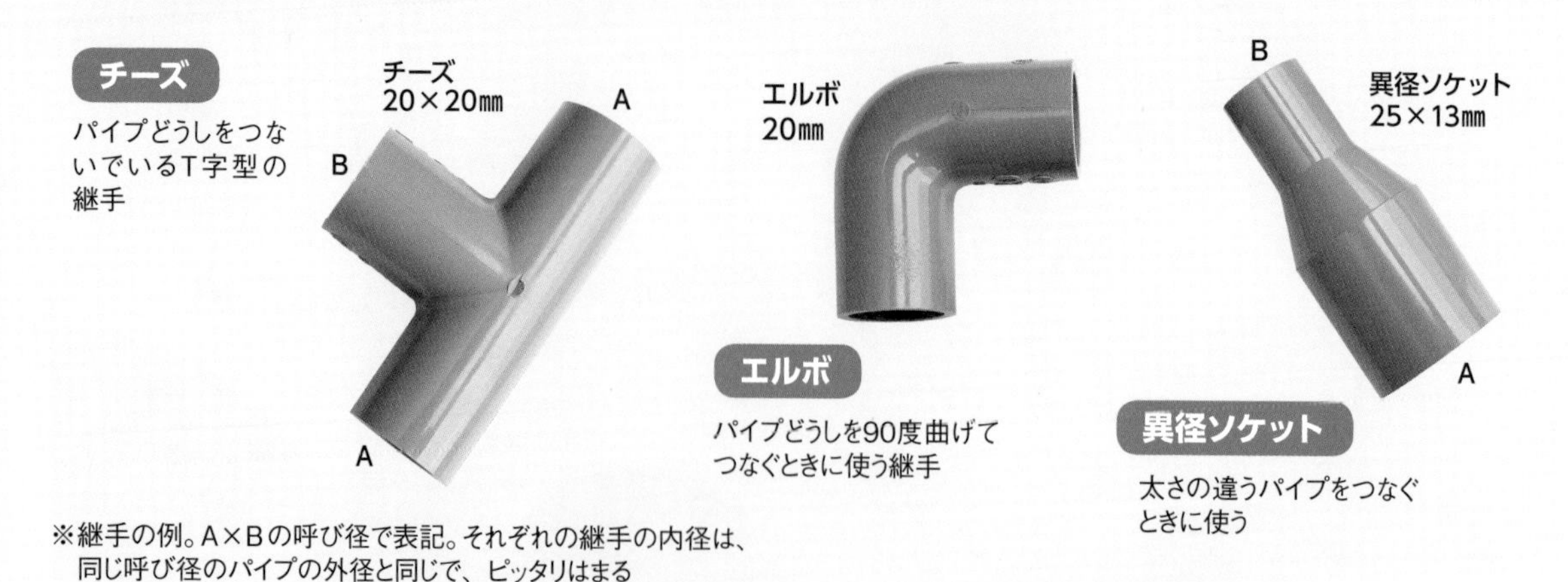

チーズ
パイプどうしをつないでいるT字型の継手

エルボ
パイプどうしを90度曲げてつなぐときに使う継手

異径ソケット
太さの違うパイプをつなぐときに使う

※継手の例。A×Bの呼び径で表記。それぞれの継手の内径は、同じ呼び径のパイプの外径と同じで、ピッタリはまる

つなぎ方のコツ

さて、材料のパイプと継手が揃ったら、いよいよ組み立て。飯田さんの経験では、このときにいくつか気をつけたほうがいいことがあるという。

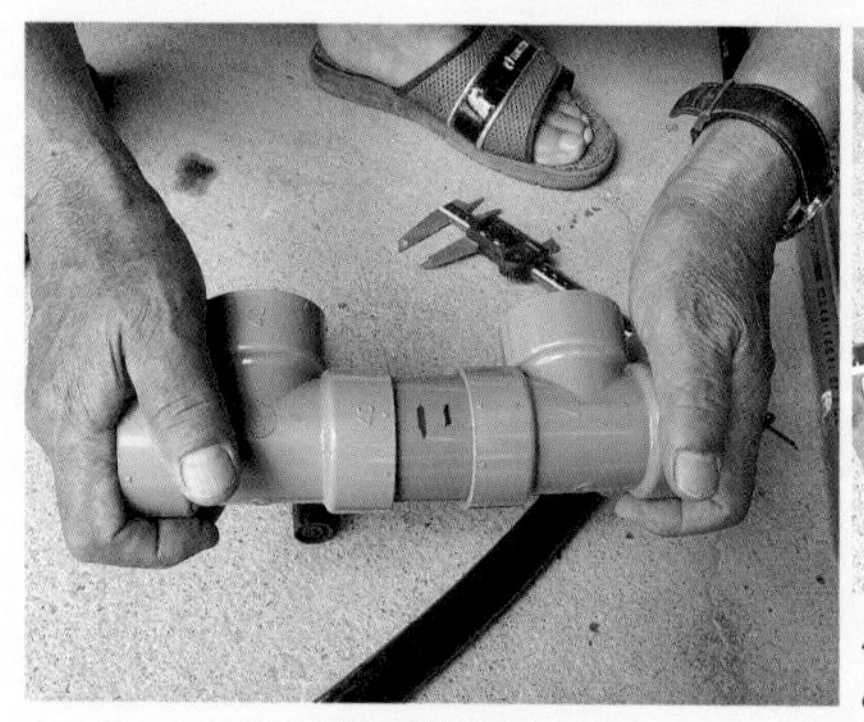
印がないとパイプが継手にどこまで入っているかわからない

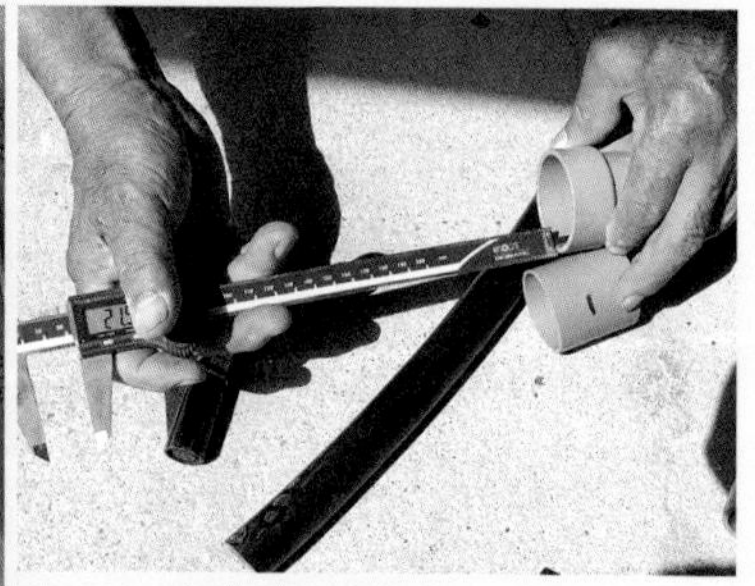
パイプと継手をつなぐときは、パイプがどこまで挿せるか印をつけておく

①どこまで挿せるか目印を
継手にパイプをどこまで挿すことができるのか、あらかじめマジックで印をつける。つないだ後に見ると、印なしでは挿したパイプがどこまで継手に入っているのかわからないからだ。水を通す物を作る場合、挿し込み方が浅いと水漏れの原因になる。

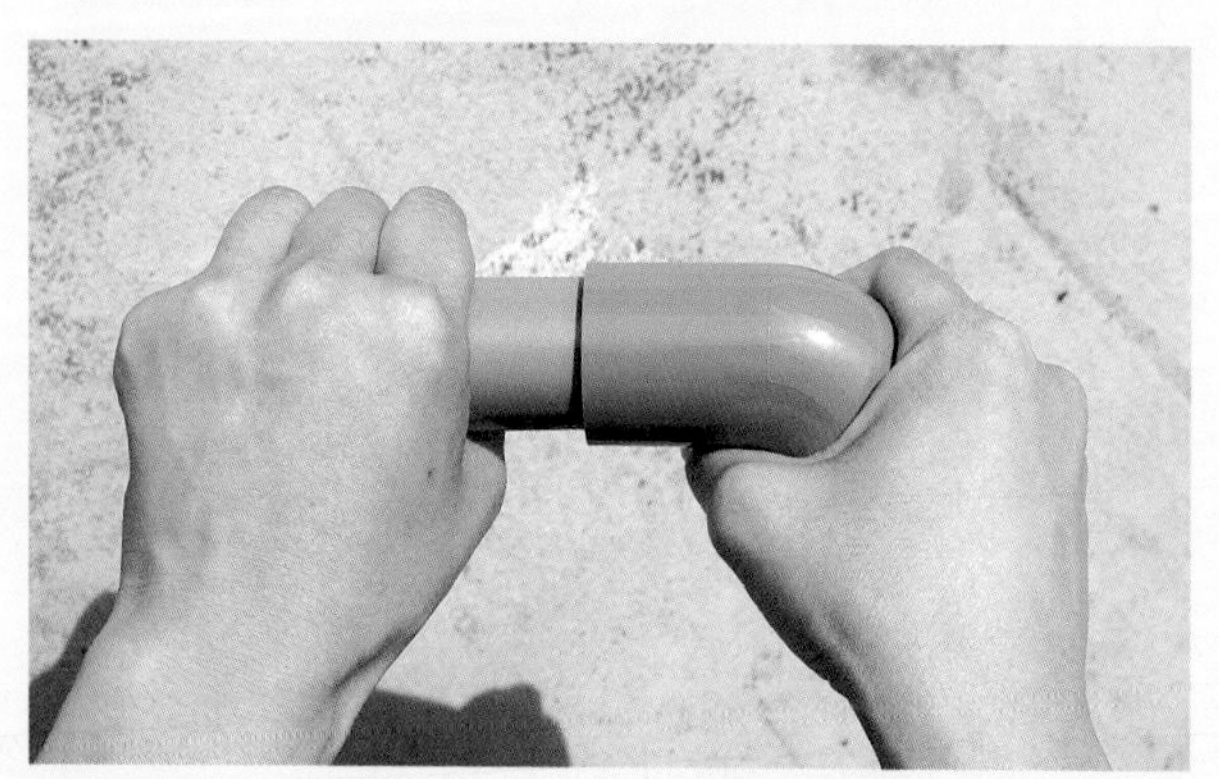
接着剤を塗って挿入したら、しばらく手で押さえておくことが大事

②塗って挿したら、そのまま××秒
塩ビパイプの接着剤はヌルッとしていて弾力があるので、挿し込んですぐ手を放すとパイプが戻ってしまう。奥まで挿して接着するために、40㎜のパイプを挿すときは40秒、100㎜のパイプを挿すときは100秒、パイプの径に合わせた時間だけ、しばらく手で押さえる。

③接着したところにも目印を
パーツが多いと、接着剤の塗り忘れが出てしまう。忘れないように、接着したところにも目印をつける。

パイプってどう選ぶの？

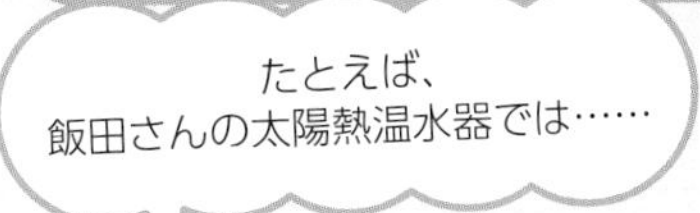

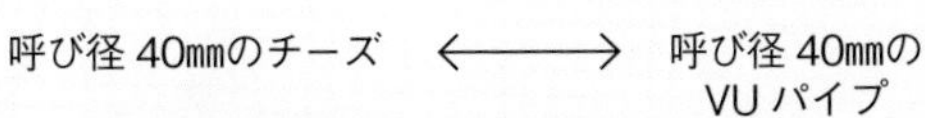

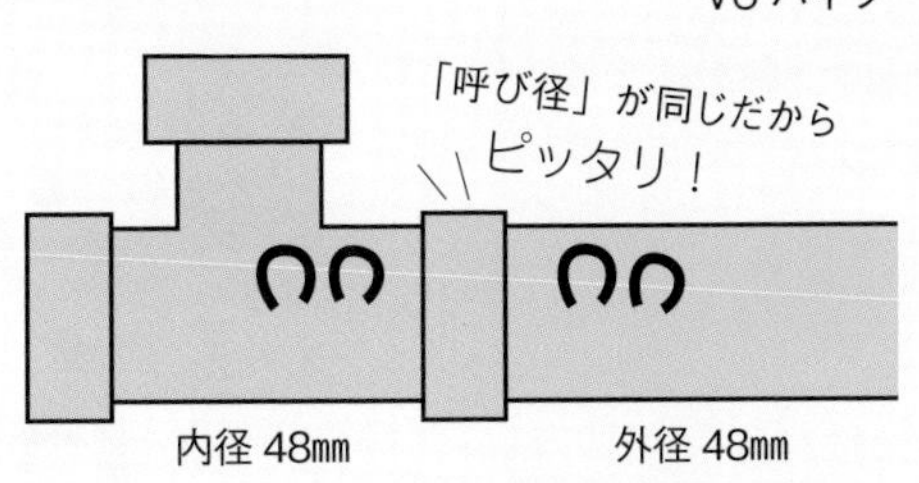

「呼び径」が同じものを選ぶ

ここまで「○○㎜の塩ビパイプ」という書き方をしてきたが、「○○㎜」は塩ビパイプのおよその直径。カタログなどでは「呼び径」と表記している。ＶＰではほぼ内径の数値に近いのだが、それでも太さによっては若干異なる。ＶＵの呼び径は内径よりも小さい。したがって、呼び径の数字はパイプの内径とも外径とも違うのだが、パイプと継手をつなぐときには、この数字が同じならピッタリはまるような規格になっている。

飯田さんの太陽熱温水器（１ユニット）

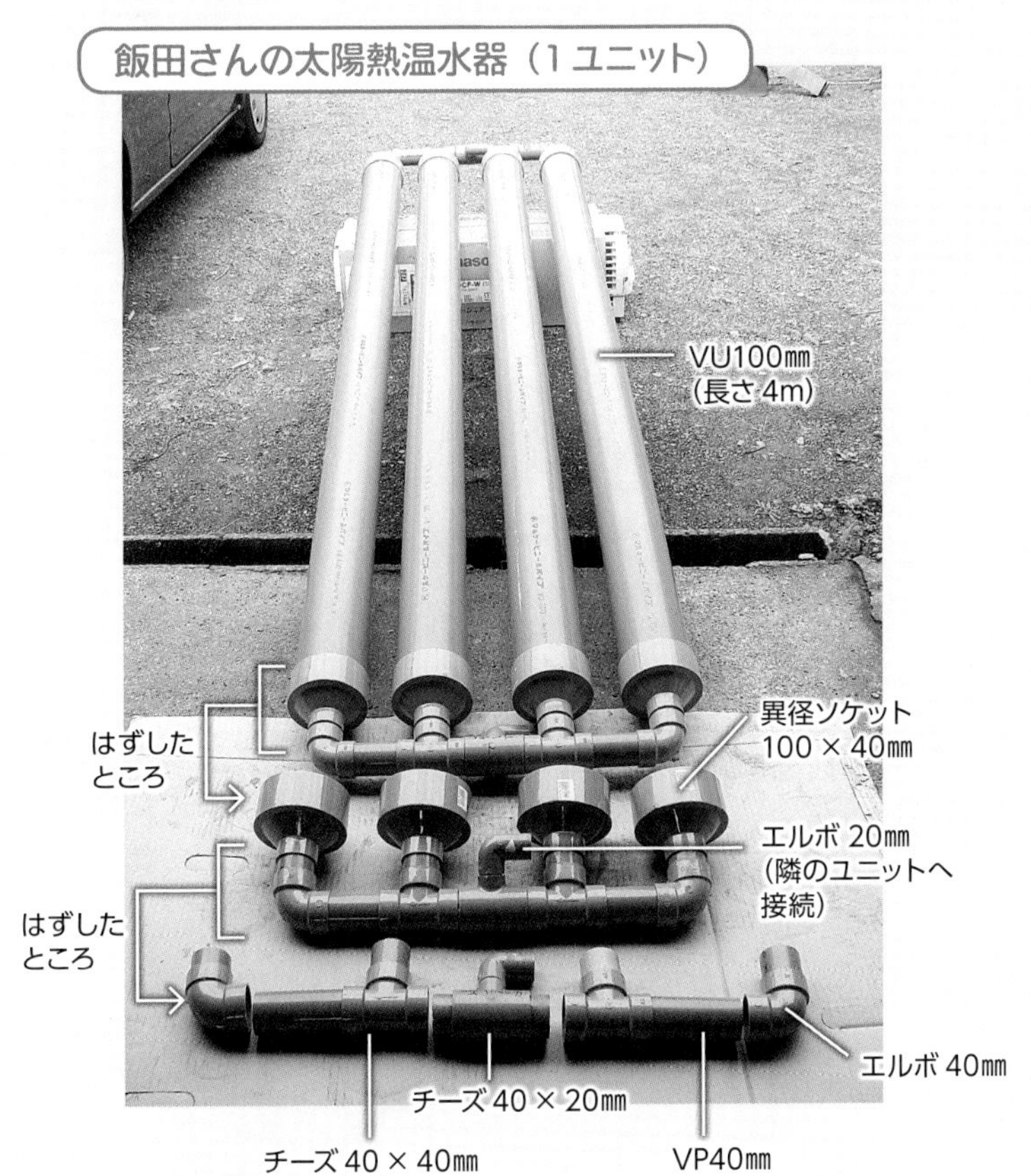

失敗しながらパイプを楽しむ

真夏の太陽熱温水器のお湯は60度を超える。すると、タンクどうしを横につないでいる上側のパイプがとくに熱くなりやすく、飯田さんの温水器では、ここに使っていたＶＰのパイプが少しゆがんでしまった。長持ちさせるには、「ここにだけ価格の高いＨＴＶＰを使ったほうがよかった」とのこと。

耐衝撃性の塩ビ管（ＨＩＶＰ）や耐熱性の塩ビ管（ＨＴＶＰ）を使い分けたり、塩ビ管をつなぐときに印をつけたりすることを飯田さん自身、失敗から学んだそうだ。

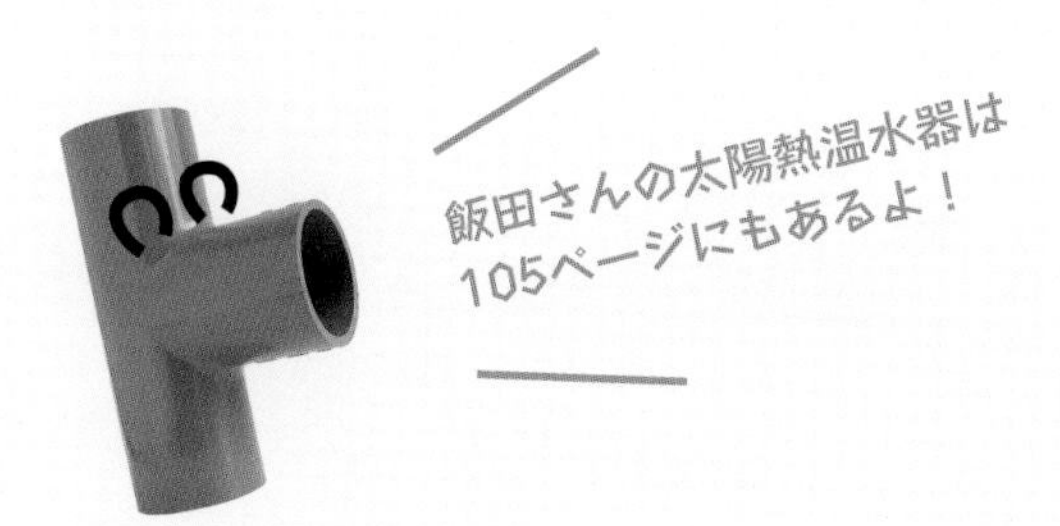

足場パイプは可能性無限大！

長野県下諏訪町●花岡和男（すわ湖果樹園）

足場パイプを持つ筆者。リンゴ180aの経営（田中康弘撮影、以下Tも）

足場くん

足場パイプのよさは、溶接など特別な技術はなにもいらず、レンチ一丁あれば簡単に組み立てられることです。強度も申し分なく、しかも、いつでも撤去できます。

頑丈になる

私が最初に足場パイプを使用したのは、今から約30年前。自宅と倉庫の間に自動車1台分の屋根、屋外に洗濯機2台と物干し台の屋根を、2人して2日で設置しました。これらは現在も使用中です。

また、足場パイプはハウスの補強にも役立ちます。うちの果樹園には農機具倉庫として、園芸用パイプハウスが5棟あります。ただ、ここ諏訪地方の冬は、1回の降雪で平均5～15㎝積もり、10年に

ハウスの補強

足場パイプはクランプで簡単につなげられる（T）

屋根の部分に足場パイプを2本平行に設置し（矢印）、支柱を立てる（T）

支柱にしている足場パイプの下には、常時、ジャッキをセット。冬に地面が凍結し、春に溶けて沈下するので、その都度、高さを調整している。足場パイプを直接地面につけると、土に食い込むし、サビの原因にもなる（T）

一度は70㎝にもなるので、ハウスが何棟も潰されてしまいました。

対策として、当初は木の支柱をハウスの中に3本立てていましたが、それ以外の場所が変形してしまい、役に立ちませんでした。そこで考えたのが、屋根の中央部分に足場パイプを1本通し、さらに、足場パイプの柱を4本立てる方法。それでも、幅の広いハウスだと、春先の湿った重い雪で、両側（足場パイプと柱のない部分）が変形してしまい、建て直しの繰り返しでした。

現在は、ハウスの屋根の両側に足場パイプを2本平行に設置し、柱も8～10本に増やしています。

思い通りの大きさにできる

これ以外では、リンゴの売店の倉庫内に段ボール箱をストックしておく棚も作りました。贈答発送用の段ボール箱は、サイズ別に8種類に分けていますが、ホームセンターにあるような組み立て式の棚だと奥行きが足りなかったり、うまくおさまりません。しかも、大量の段ボール箱を積むとなると、強度が心配です。かといって、鉄工所に頼むと、お金がかかってしまいます。

そこで、長さ4m、幅（奥行き）90㎝、3段の棚を手作りしました。足場パイプを組めば、自分の思い通りのサイズにできますし、途中で変更することも可能です。また、幅を長くとってあるので、地震で倒れることもありません。

段ボール箱の棚

足場パイプで作れば、
自分好みのサイズに調節できる

3段になっていて、段ボール箱をサイズ別に分けて積んでおく。端から端の長さは4m、奥行きが90㎝、1段の高さが95㎝

リンゴの荷造り台

大口発送用の荷造り台。まずは、足場パイプで骨組みを作る。2人で1時間で組み立てられる

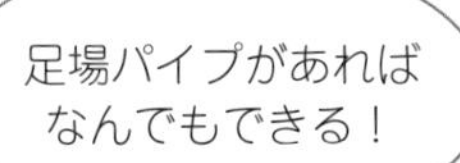

実際に使用するときはこうなる。下段にはパンフレット、ラジカセ、発送伝票、荷造り済みの伝票入れ（カゴ）、竹のペンケース、封函針、テープカッター。中段にはモールドパック（リンゴのパック）。上段には中敷き段ボール、クッション材

(T)

リンゴ園のまわりには金網を張っている。支柱に足場パイプを使っている

支柱が地面に接する部分。取り外しも可能

カンタンに組める、いつでも解体できる

毎年、11～12月になると、贈答用リンゴの全国発送がピークになります。そのとき、個人客用の荷造りは売店内の倉庫で行ないます。企業向けや大口の注文は、果樹園の空き地に2カ月間、組み立て式のテント（8坪）を建て、その中で私が荷造りをしています。テント内には足場パイプで組み立てた荷造り台があり、各サイズのパック、クッション材、パンフレット、リンゴの品種名シール、ラジカセ、6口コンセント、ドラムコードなどを備えます。シーズンが終われば、1月中にテントも台もすべて解体します。

カラオケステージから秘密基地まで、なんでもできる

その他、果樹園の外周と駐車場の出入り口に金網を張る際、その支柱に足場パイプを利用しています。

また、コンテナを6個載せられるリンゴの箱詰め台（選果機とセットで使用）や、ブドウの棚も足場パイプで手作りしました。

村祭りがあれば、長さ6m、幅3m、高さ1mのカラオケステージを、祭りの実行委員会10名くらいで組み立てます。今は、子どもたちから秘密基地がほしいとせがまれているので、それも足場パイプで作ろうかと計画中です。

今後は、わい化リンゴのトレリスの支柱や果樹園の防風ネットにも、足場パイプを利用しようと考えています。

部品の情報収集

足場パイプやクランプ（結合金具）は、ホームセンターにて購入できます。農薬などでサビやすい場所で使用するなら、クランプなどの部品を特注で亜鉛メッキにできます。

平成23年、千葉県の幕張見本市で、足場パイプのメーカーと直接話ができました。他にもいろいろなメーカーが出品しているので、毎年、弟と2人で出向いています。地方では手に入らない情報が得られますし、メーカーに試作品を作ってもらうこともあります。

足場パイプのプロに聞く

足場パイプの基礎知識

㈱ジョイント工業●岡野 通さん

足場パイプ（「単管パイプ」とも呼ばれる）というと、名前のとおり、建築現場の「足場用資材」というイメージが強いが、前ページの花岡さんのように使い道はいろいろありそうだ。「足場パイプでDIY（日曜大工）」と謳うのは、足場パイプ専用のオリジナル組み立て金具を製造販売している㈱ジョイント工業だ。暮らしに役立つさまざまなものが足場パイプで作れることを日々発信している。専務の岡野通さんに、最近の足場パイプ事情を聞いてみた。

足場パイプってどんなもの？

塩ビパイプにはさまざまな太さがあるが、足場パイプの太さは一つに統一されている。**直径は48.6㎜**だ。以前は肉厚が2.4㎜あり、重さは１ｍで2.7㎏ほどとずっしり重かったが、ここ５年くらいは、肉厚1.8㎜、重さ約２㎏の軽量タイプが主流になってきたそうだ。肉厚が薄くなっても、値段や強度は変わらないという。

どんなものが作れるかは21～22ページを参照してほしいが、まずは足場パイプの基本から

足場パイプの直径は48.6㎜、肉厚は2.4㎜（従来タイプ）

ジョイント工業の発明王である岡野通さん。足場パイプを十字に組む「Z-BC-48.6」という留め具も人気

400kgの力でも曲がらない

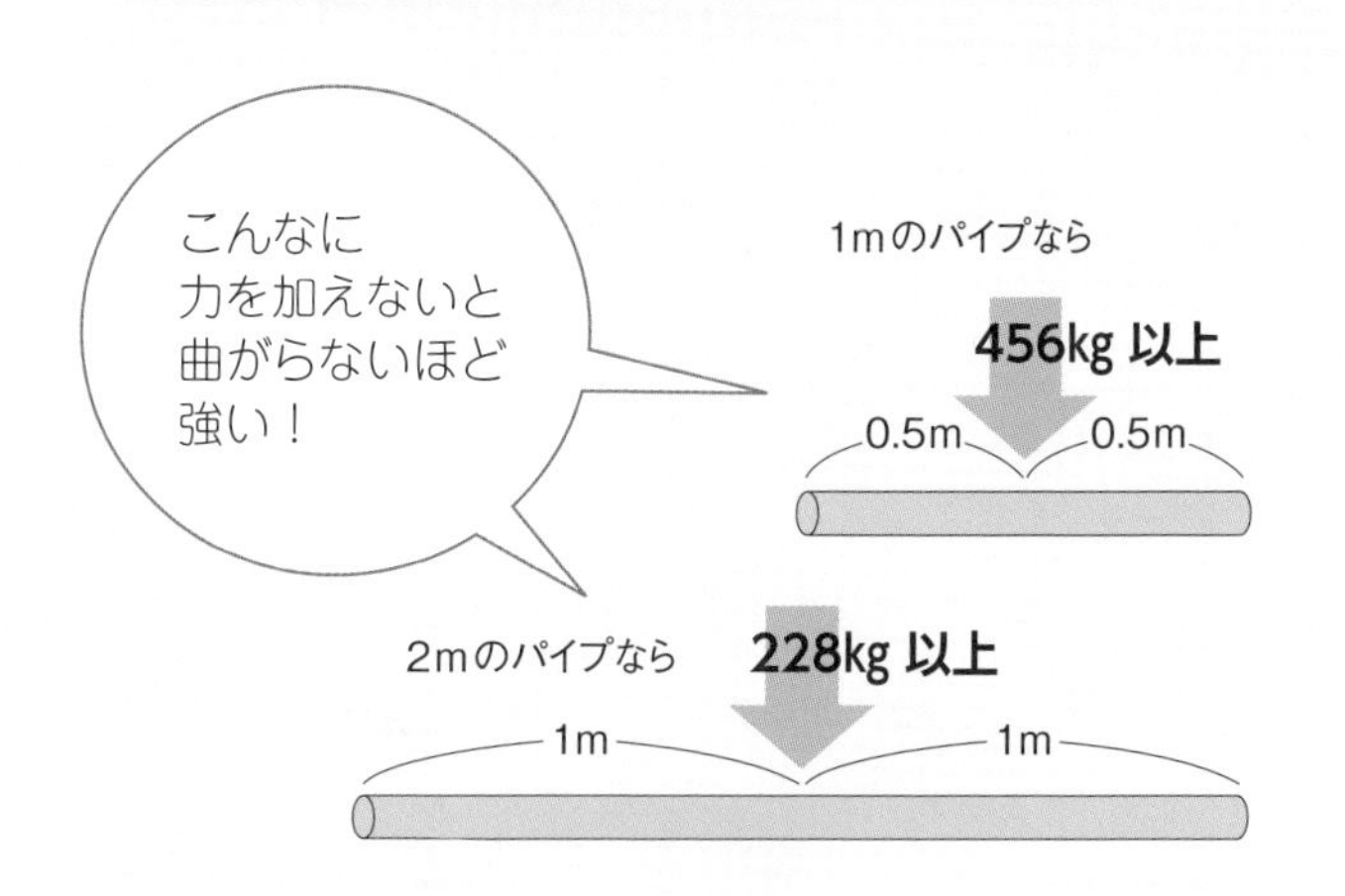

強度はどうなんだろう。岡野さんが専門的なデータから計算したところ、一般的な国産の足場パイプの場合、長さ１mのちょうど真ん中を押したとき、456kg以上の力を加えないと曲がらないのだそうだ。２mの場合はその半分の228kg。建築現場で使われているだけあって、相当強靭だ。

ホームセンターでは１m単位で販売されていることが多く、一番長いのが６m。値段は１mで400～500円くらいが相場となっている。

軽量タイプでも強度が変わらないのはなぜ？

大和鋼管工業㈱●三宅洋司さん

足場パイプの製造元である大和鋼管工業㈱の三宅洋司さんにも聞いてみた。

最近ホームセンターで出回っている軽量タイプは、じつは大和鋼管工業の「スーパーライト700」のみ。肉厚を従来の2.4㎜から1.8㎜に薄くして25％も軽くした。さらに鉄の素材の強度を上げたので、強さも従来品と変わらない。むしろ以前より強くなっているという。

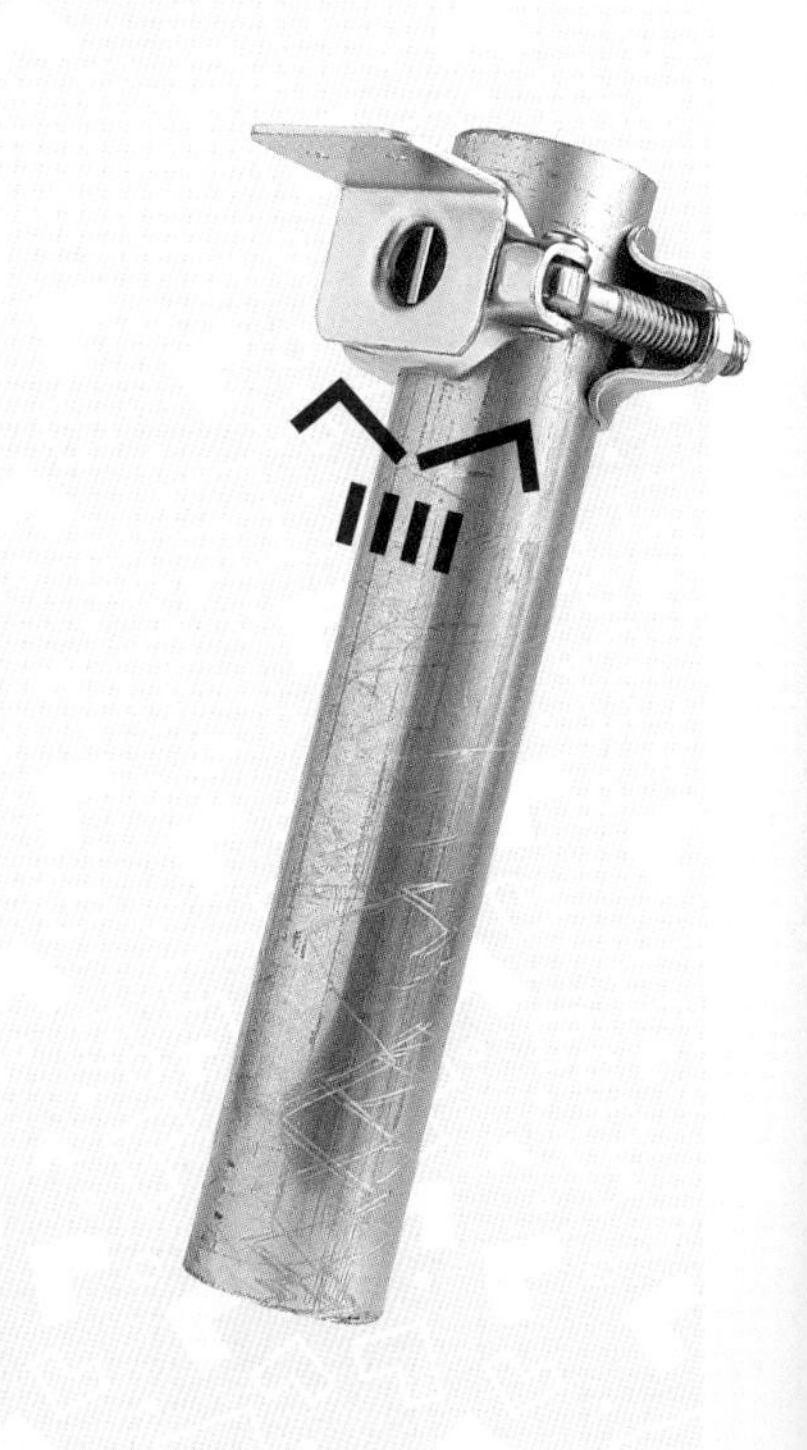

農家の中には「ホームセンターで買う足場パイプは弱い。建材屋さんで買うものは強い」と言う人がいるが、それは必ずしも正しくないと三宅さん。たとえば「スーパーライト700」の「引っ張り強度」は、業界用語で700ニュートン。従来の足場パイプは500ニュートンなので、この強度に関してはむしろ40％も強いからだ。

ただし輸入品の中には、強度試験を抜き打ちで行なうと、500ニュートン以下の弱いものもある。強度を求めるものを作る場合には、国産かどうかを確かめるのがいいという。足場パイプの主な国産メーカーは３社しかないそうで（大和鋼管工業、丸一鋼管、中山三星建材）、これらが製造しているものなら強度は間違いないとのこと。

パイプを固定する定番クランプ３種

足場パイプを組み合わせて固定するときに使う専用の金具をクランプという。一般的に使われるものには「直交クランプ」「自在クランプ」「タルキ止めクランプ」の３タイプがある。この３種類があれば、とりあえずは、いろいろなものができそうだ。

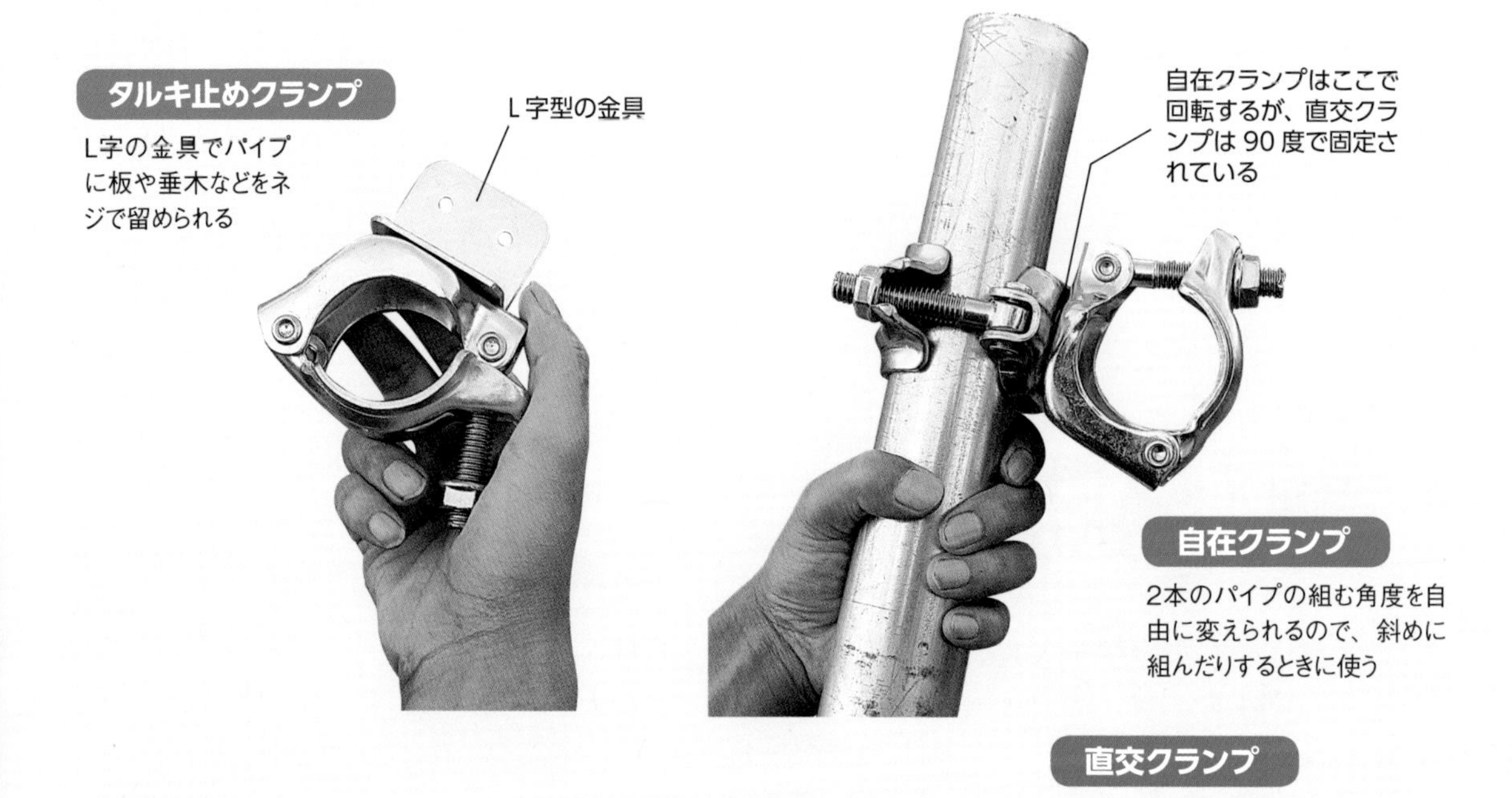

タルキ止めクランプ

L字の金具でパイプに板や垂木などをネジで留められる

自在クランプ

2本のパイプの組む角度を自由に変えられるので、斜めに組んだりするときに使う

直交クランプ

パイプを直角（90度）にクロスさせて留めるもので、角度は固定されている

ドブメッキってなに？

足場パイプのカタログなどを見ると、「ドブメッキ」と書かれていることが多い。これは鉄の表面を、さびにくい亜鉛でコーティングしているという意味。液体の亜鉛の中にどぶんと浸けるので、ドブメッキ。正式には「**溶融亜鉛メッキ**」という。

送電線の大きな鉄塔や橋などに使う鉄柱も、ドブメッキすることが定められている。足場パイプもすべてドブメッキなので、裸の鉄と比べるとかなり長持ちするといえそうだ。

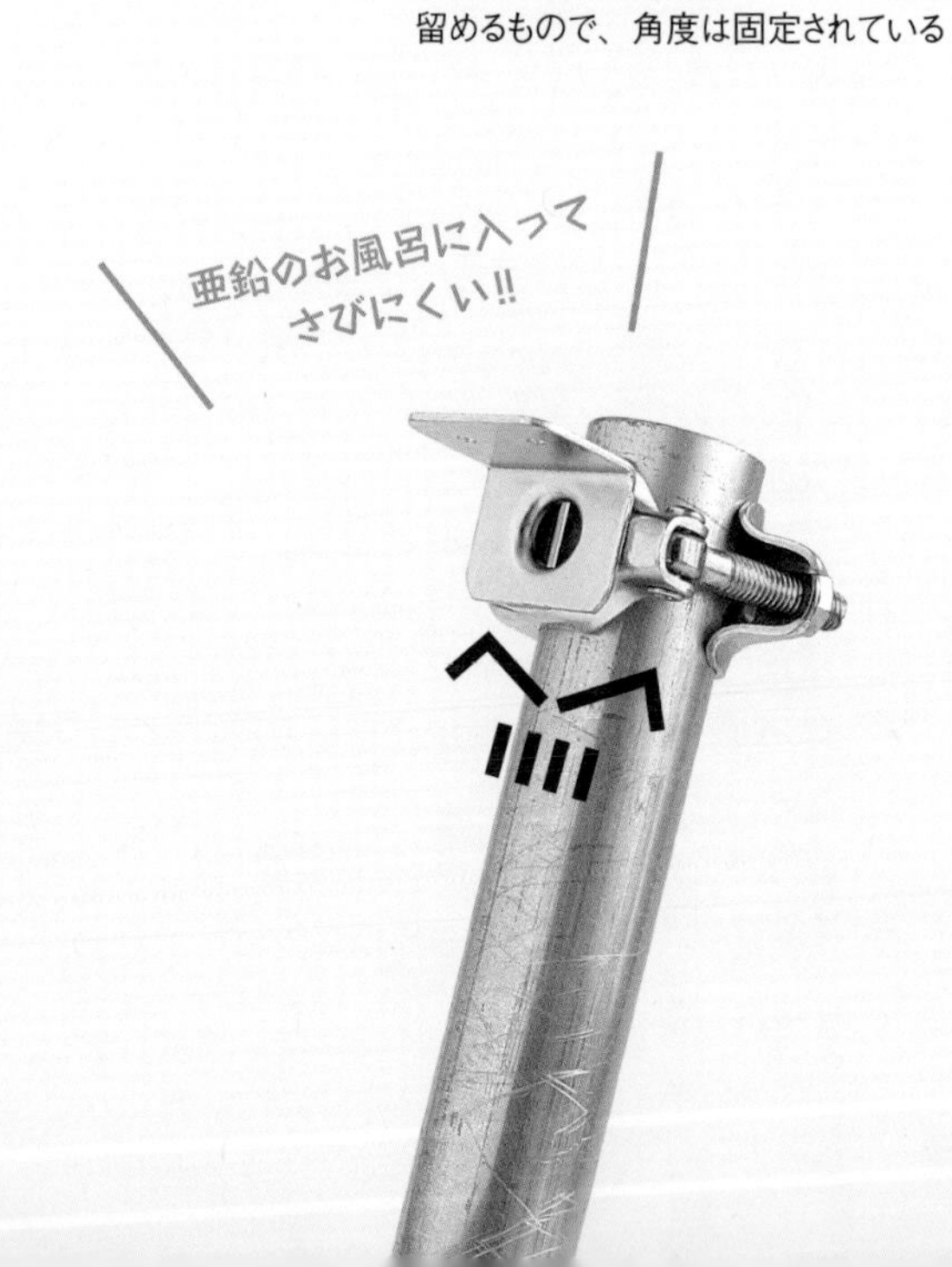

新たな専用金具を続々開発中

冒頭でも紹介したように、ジョイント工業は、このクランプの新製品を次々に開発しているメーカーだ。今は230種類（！）くらいあり、「これらを組み合わせれば、ほとんど何でも作れる」と岡野さん。

一般的なクランプはボルト留めなのでレンチ（スパナ）を使うが、ジョイント工業のオリジナルクランプで組み立てるときに必要な道具は六角レンチ一つだけ（ドライバー1本でできるタイプもある）。女性1人でも気軽に組み立てられるという。

さらに安全性や外観も考えて、従来のクランプのように外側に突起物（パイプの端やボルトなど）が出ないようになっている。おかげで建築現場のイメージがなく、「これが足場パイプ？」と思うような、ちょっとおしゃれなものもできる。たとえば、お店の中で商品を並べるディスプレイ用の棚などだ。

21～22ページに、ジョイント工業の金具を使って作られた足場パイプの加工品とユニークな金具の一部を紹介した。

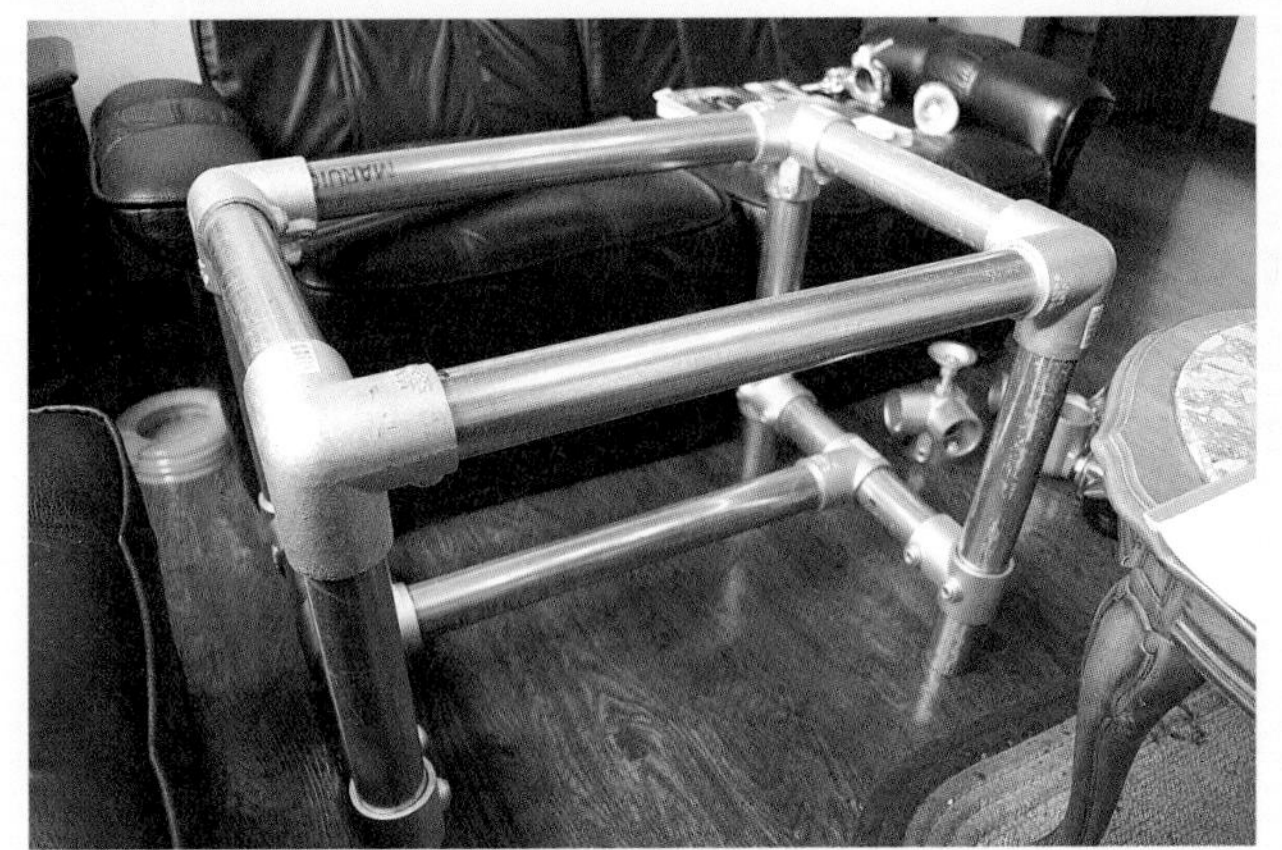

足場パイプで作った台座。パイプの端がすべて金具にスポッとはまるので、突起物がなくてきれい

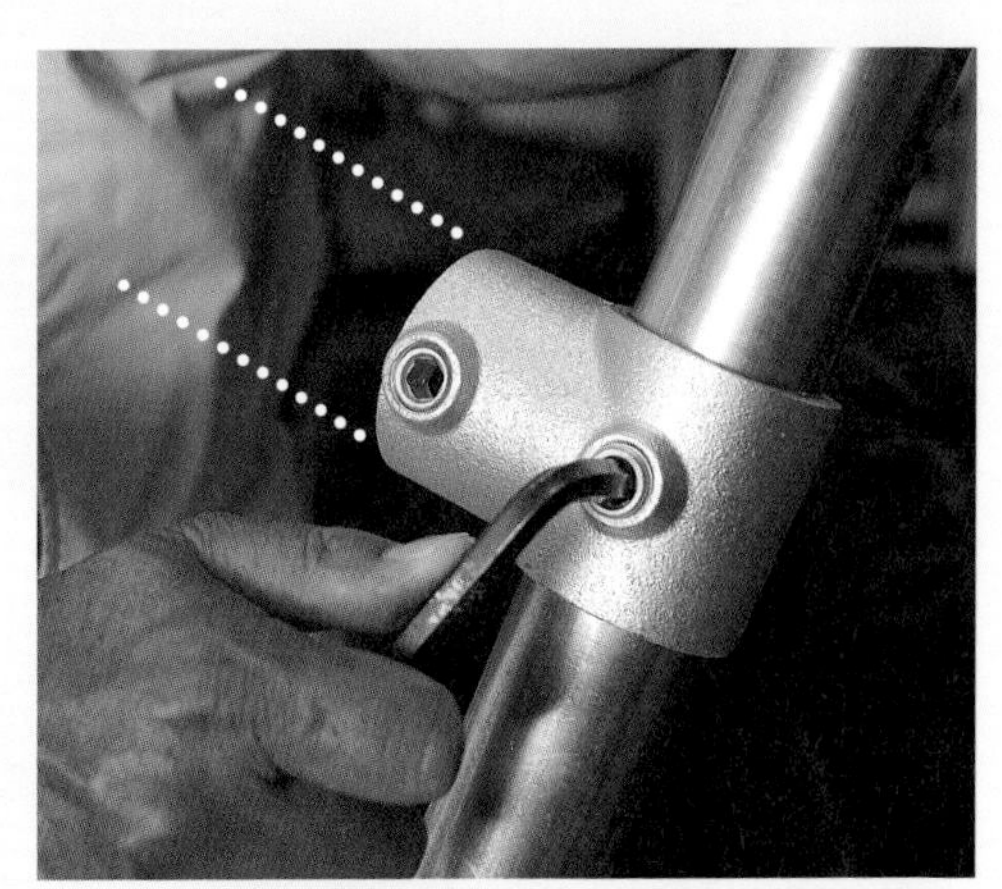

ジョイント工業の定番商品であるT字金具。2本のパイプをT字型に六角レンチだけで留められる

角度調整できる太陽光パネルの架台

突っ張り棒（矢印）という伸び縮みするジョイントを使っているので、夏と冬でパネルの角度を変えられる。パネルを足場パイプにピタッと留められる専用の金具もある。これが、ジョイント工業で今一番の人気商品

手作り螺旋階段

高さ約4mの手作りの螺旋階段。階段の踏み台になるアルミ板と手摺り以外は足場パイプ。建築現場の足場資材というイメージがまるでない

扉が付けられる金具

矢印の部分が足場パイプ専用の扉になる金具（蝶番）。ゴミ置き場の扉や家畜のゲートなど、いろいろなところに使える

三脚ヘッド

3本の足場パイプを立て、上の部分を留められるヘッドキャップ。量りやチェーンブロックを吊るせば、重たいものを持ち上げられる。コンスタントに売れる商品

軽トラの荷台

荷台の上にハシゴなどの長いものが載せられて、荷台にも荷物が積めるようにした。軽トラに固定している部分は鳥居と後アオリの2カ所だけなので、必要がないときはすぐに取り外せる

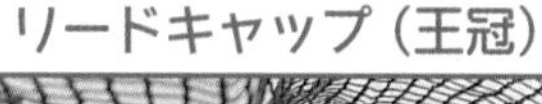

リードキャップ（王冠）

足場パイプの先に付ける輪っか付きのキャップ。ヒモやワイヤーを結ぶと、鳥除けなどのネットを簡単に張ることができる。果樹農家からの問い合わせが多い

問い合わせ先

※ ジョイント工業の足場パイプ専用金具についての詳細は「足場パイプ.com」（http://www.ashiba-pipe.com/）をご覧ください。電話での問い合わせは、03-3854-1111 ㈱ジョイント工業、東京都足立区）

第1章
塩ビパイプで便利道具

収穫調製に

塩ビパイプは木ネジ2本で角度を決め、柱に針金で斜めに固定する

固定したら効率3倍
ニラの袋詰め器

宮崎県小林市●向江 保さん

ニラの選別から袋詰めまでの作業は時間がかかる大変な仕事。この袋詰めに塩ビパイプを使うと作業が劇的にラクになるという向江(むかえ)さんのアイデアである。ハウスニラ部会のほとんどの農家が取り入れたというアイデアだが、これがさらに効率アップしたそうだ。

塩ビパイプを作業場の柱に固定したことで、パイプを手で持たなくても袋詰めできるようになった。おかげで「左手はニラを塩ビパイプから袋に入れたらすぐに次のニラをとれる。同時に右手はニラの入った袋を取り外したら、すぐ次の袋を塩ビパイプにかぶせられる」

流れるように左右の手が別々に動く。

ポイントは塩ビパイプをまっすぐ縦に固定するのではなく、少し斜めに柱にくくりつけたこと。このほうがニラを入れやすいし、袋もかぶせやすい。

塩ビパイプを使う前と比較すると作業スピードは3倍になった。

切り花のスリーブスタンド

神奈川県横浜市●安西俊之

廃材の塩ビパイプがスリーブホルダーに

私は年間を通して切り花の栽培をしています。施設ではカーネーション、ストック、トルコギキョウを、露地ではヒマワリ、コスモス、アスター等を栽培し、市場出荷を中心に近隣の直売所でも販売しています。

就農当時は100％市場出荷で、乾式の箱詰めでしたが、鮮度重視の考えで湿式のバケツ出荷へと切り替えました。出荷スタイルを変更したことで、花の傷みを少なくし、見た目をよくするためにスリーブを使う必要がでてきました。

市販のスリーブスタンドは高価だったため、物作りが好きな私は自分で作ってみようと思いました。自宅にある廃材の中で使えそうな材料として直径30㎝の塩ビパイプを見つけ、これを半分に切ってホルダーに。さらに、古くなったイスのキャスター部分を取り付け、移動可能なスリーブスタンドを作りました。

塩ビパイプは、ハンドカッターを使うと厚みがあっても容易に加工できました。スリーブはホルダー本体に穴をあけて、ずれないようにネジ止めしています。1台作るのに購入した材料はボルト6本とスリーブを押さえる部分（ステンレス製のステー）だけです。

2台で7種類のスリーブに対応

当初はカーネーション中心の作付けでしたが、徐々に品目が増え、それに合わせて使うスリーブの規格も増えました。そこでスタンドをもう1台用意し、2台で3種類のスリーブに対応するようにしました。

さらに、栽培品目が多くなったことで数種類の花を組み合わせた花束を作れるようになり、近隣の直売所への出荷も始めました。直売所では300円前後の手ごろな花束が主流となるため、今まで使っていたものよりかなり小さなスリーブスタンドが必要になりました。しかし、スタンドばかり増えては作業スペースが狭くなり作業効率が悪くなるため、既存のスタンドに重ねて使える方式を考えました。

構造は簡単です。もともとあるスタンドの上部に長さ5㎝程度の切り込み

直径 30㎝の塩ビパイプを半割に
切り込み
スリーブを押さえるステー

塩ビ管を切って作ったスリーブスタンド

材料

- 直径30㎝の塩ビパイプ
- ステンレス製のステー
- ボルト6本
- 古くなったイスのキャスター

を入れます。幅は6㎜のボルトが通る程度とし、ここに小さいサイズのホルダーをひっかけるようにします。小さいサイズのホルダーは直径12cmの塩ビパイプを半分に切り、上部をトーチであぶって若干広げます。

小さいスリーブはクリップで挟んでホルダー本体に留めるようになっており、交換も容易です。スリーブを固定するための材料は鉢花用のプラスチック鉢の縁を使っています。この方式でいくつかの規格に対応するホルダーを用意し、合計7種類のスリーブを使い分けています。

花の需要期に、市場と直売所の出荷物が同時に必要なときも、小さいホルダーを取り外して使い分けできるので作業効率も上がりました。今後は、スタンド本体にネジ留めして取り付けているスリーブの交換を容易にすることと、作業者に合わせて高さ調節できるように改良していきたいと考えています。

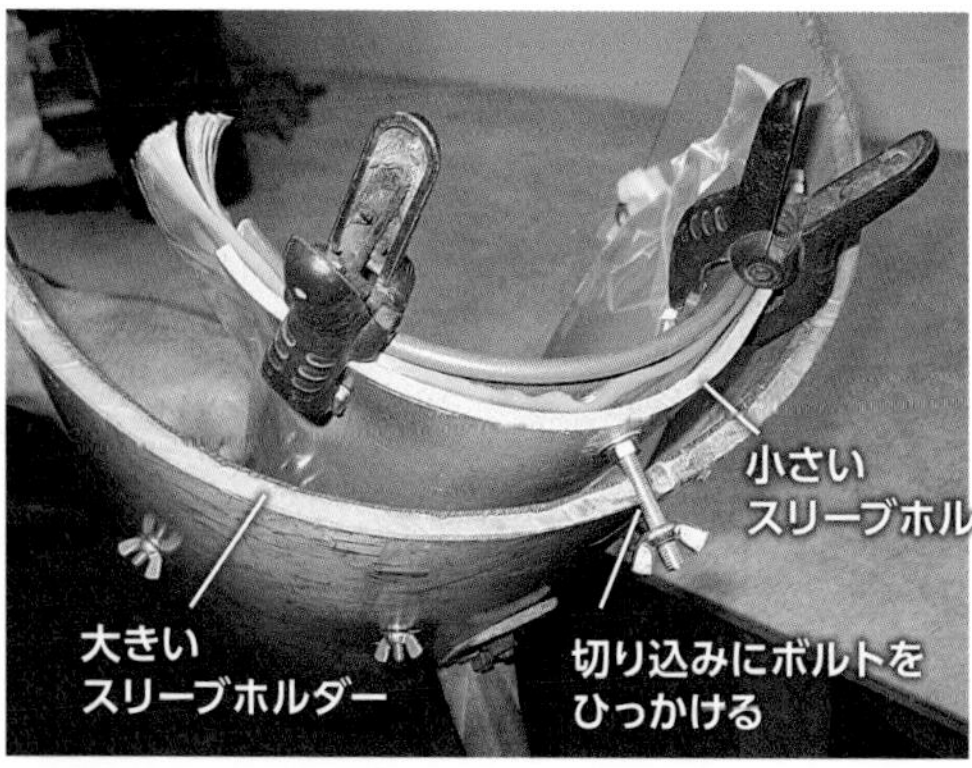

小さい
スリーブホルダー
大きい
スリーブホルダー
切り込みにボルトを
ひっかける

クリップ
プラスチック鉢の縁

大きさの違うスリーブホルダーを重ねたところ

エダマメの莢むき機

千葉県鴨川市●飯田哲夫

エダマメ莢むき機は、ここ鴨川市の特産エダマメ「鴨川七里」のC級品(一粒莢や傷のあるものなど)を活かすために作りました。莢の見かけは悪くても中のマメは一級品。冷凍しておいて、ジェラートやずんだ用として餅菓子屋さんなどに販売できます。以前は電動ドリルを使って駆動させましたが、より使いやすくバージョンアップしました。

塩ビパイプなどで作った2本のローラーで莢からマメを押し出すという基

台を持ち上げたところ。投入口から落とした莢は2本のローラーの間に落ちる。モーターはパナソニックの40W M91X40G4L（40W）、減速ギア（10分の1）は同90MX9G10

エダマメ莢むき機の外観

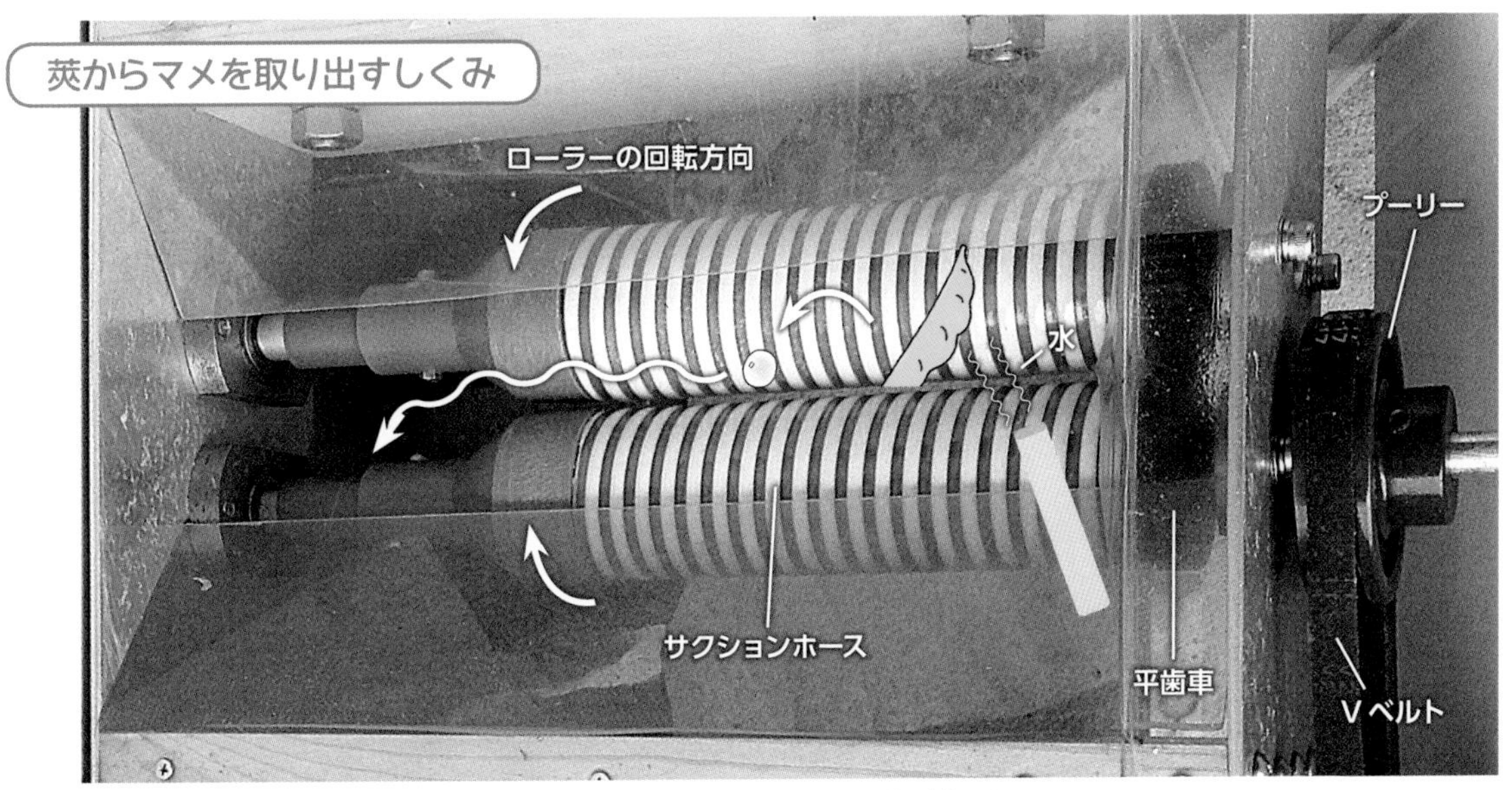

サクションホースは適当な硬さと粘りがあって莢をしごくのに適している。飛び出したマメは、ローラーの間を転がって異径ソケットでできた隙間から受け口へ落ちる。莢はローラーの下に排出。ローラーの回転数は約100回転／分、傾斜角度は約25度

本構造は同じです。ローラーを内蔵モーターで駆動させる方式にしたうえ、莢を投入しやすくしました。材料費は5万円くらいです。

ローラーの構造

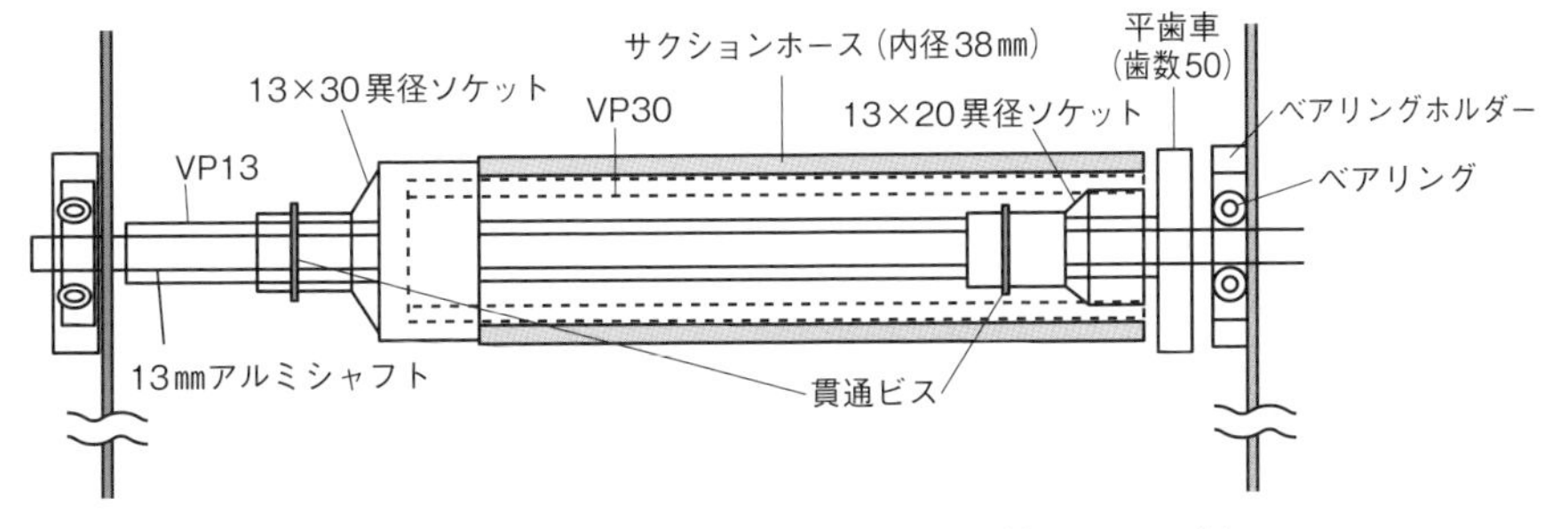

ベアリングの径は10㎜なのでアルミシャフトの両端は10㎜に削っている

丈夫で破けない
乾燥機とモミすり機のパイプ

大阪府能勢町●星庵（ほしあん）幸一さん

倉庫の壁をぶち抜いて延びているのは、塩ビパイプで作った乾燥機の排塵（はいじん）ホースとモミすり機の搬送パイプ。秋、お米の収穫時期にフル回転必至の乾燥機だが、よく使われるビニールの排塵ホースはたわんだところに粉塵がたまり、破けてしまうことも少なくない。

そこで星庵さんは、乾燥機のホースと、ついでにモミすり機の搬送パイプを塩ビパイプにした。

「パイプを延長して排塵を遠くまで飛ばせるから倉庫が汚れることもなくなった。一度作ってしまえば長く使えるし、倉庫に固定すれば邪魔にならない」とのこと。

乾燥機の排塵パイプの径は100㎜。先端にはエルボが付いていて、使うときは塩ビパイプをつないで遠くへ排出。モミすり機の搬送パイプは径200㎜

搬送パイプの先に付いているのは星庵さん愛用のモミガラ袋詰め器「もみっ子」（モミガラと塵を分ける）。軽トラを止め、荷台に載せた袋に詰める

防除に

塩ビパイプで延長した佐藤染治さんの動散ホース。先端に入れた切れ込みは、クスリを放射状に拡散させるため（写真はどちらも倉持正実撮影）

遠くまで届く動散の噴口

岩手県奥州市●佐藤染治さん

雨どいで延長

岩手県のベテラン稲作農家・佐藤染治さん。ラクをするために施肥は流し込みがほとんどだが、除草剤や農薬をまくのには動散（動力散布機）を使っている。御年83歳、体が疲れないように、愛用の動散は安い軽量型のもの。

「ただねぇ、こういう軽い動散ほどホースが短くって、どうしても遠くまで飛ばねえんだ。けれども、これを背負って田の中を歩くのもヤなもんだから……」

そう言って染治さんが取り出したのは、倉庫に立てかけている長さ2mの塩ビパイプ（雨どいの縦どい）。これを動散の噴口にカポッとはめて延長すると、2m50cmほどの長〜い噴口になる。

除草剤や農薬の飛距離が伸びるので、1枚60aほどの大きな田んぼでも、アゼを歩きながら散布するだけで真ん中のほうまで届く（従来の噴口だと30aがやっとだった）。

ゴムチューブで腕の負担を分散

ただし、噴口を長くした分だけそれを支える右腕の負担が大きくなる。

そこで、もうひとつアイデア。竹棒を動散の背中当ての部分に刺して、竹棒と雨どいをゴムチューブやヒモでつなぐと、右腕にかかる負荷が分散された。

竹棒　ゴムチューブ　ヒモ　塩ビパイプ　もとの噴口

動散本体に刺した竹棒と、塩ビパイプをゴムチューブやヒモでつなぐと、散布中の右腕の負担が軽くなる

歩いて引っ張る　**浮くチェーン除草器**

長野県飯山市●滝沢篤史（やよい農園）

チェーン除草する筆者

長野県飯山市の戸狩スキー場の近くで、お米や野菜を無農薬でつくっている小さな農家です。

農薬を使わずに水稲を育てたいと考え、『現代農業』のバックナンバーでヒントを探していたところ、是永宙さんの「浮くチェーン除草器」（２０１０年５月号）が目に留まりました。これなら部品も調達しやすく、自分流にアレンジできると思いました。

浮きの部分には直径75㎜の塩ビパイプ２本、チェーンをぶら下げる芯には25㎜の塩ビパイプを使いました。これらをまとめて固定するのにはバーベキュー用の金網などを使い、引っ張るヒモは濡れても苦にならないマイカー線にしました。

チェーンは、いらなくなったタイヤチェーンの駒をタクシー会社から譲ってもらいました。長さは30㎝くらいで理想的な長さでした。タクシー会社に聞いてみるとお宝が出てくるかもしれませんよ。材料費は全部で８０００円かかっていません。

除草器を使うときは、前日から10㎝くらい水を張ります。あとはかき残しがないように引っ張るだけです。条間だけでなく株間にも効かせたい場合、

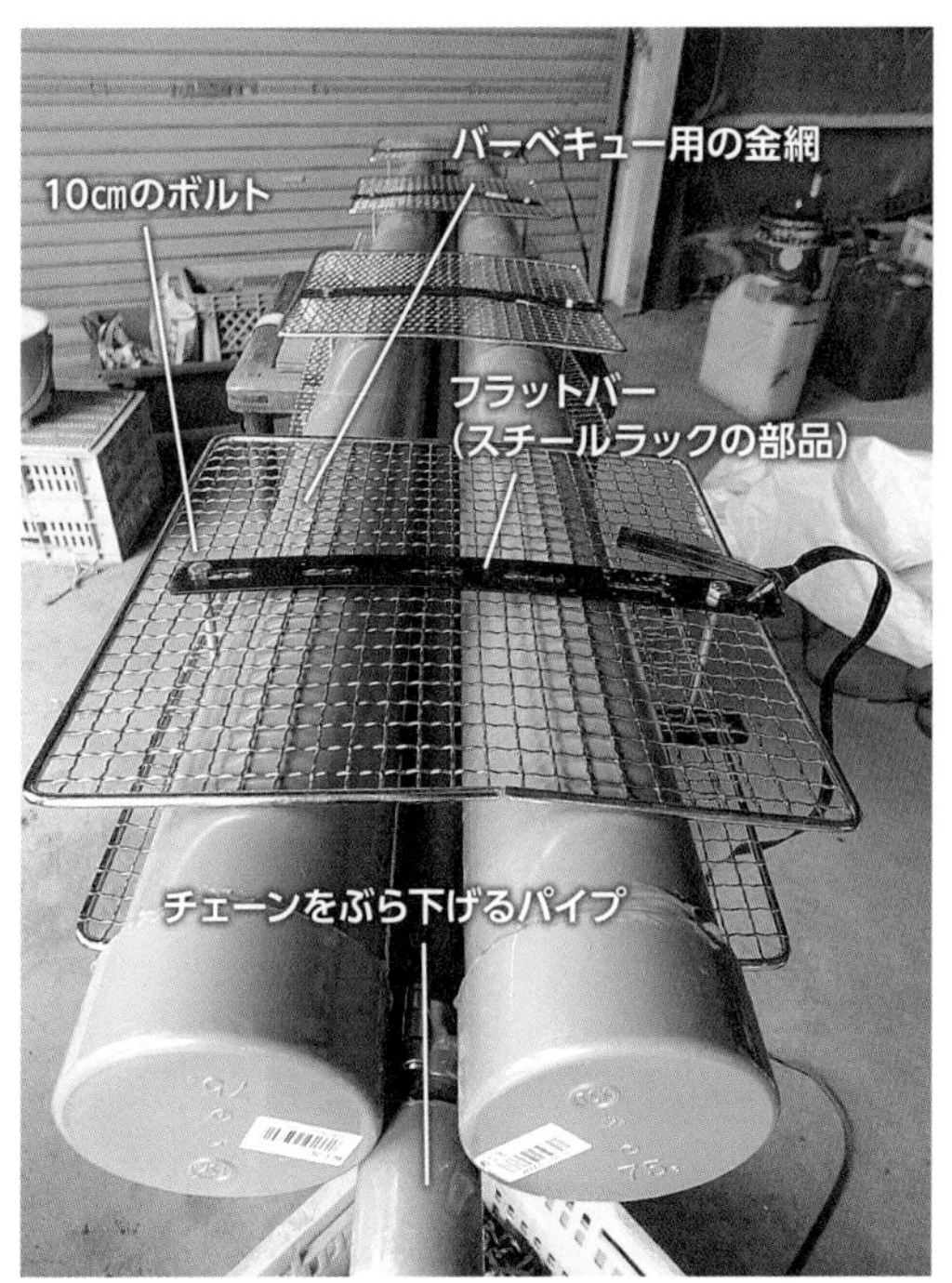

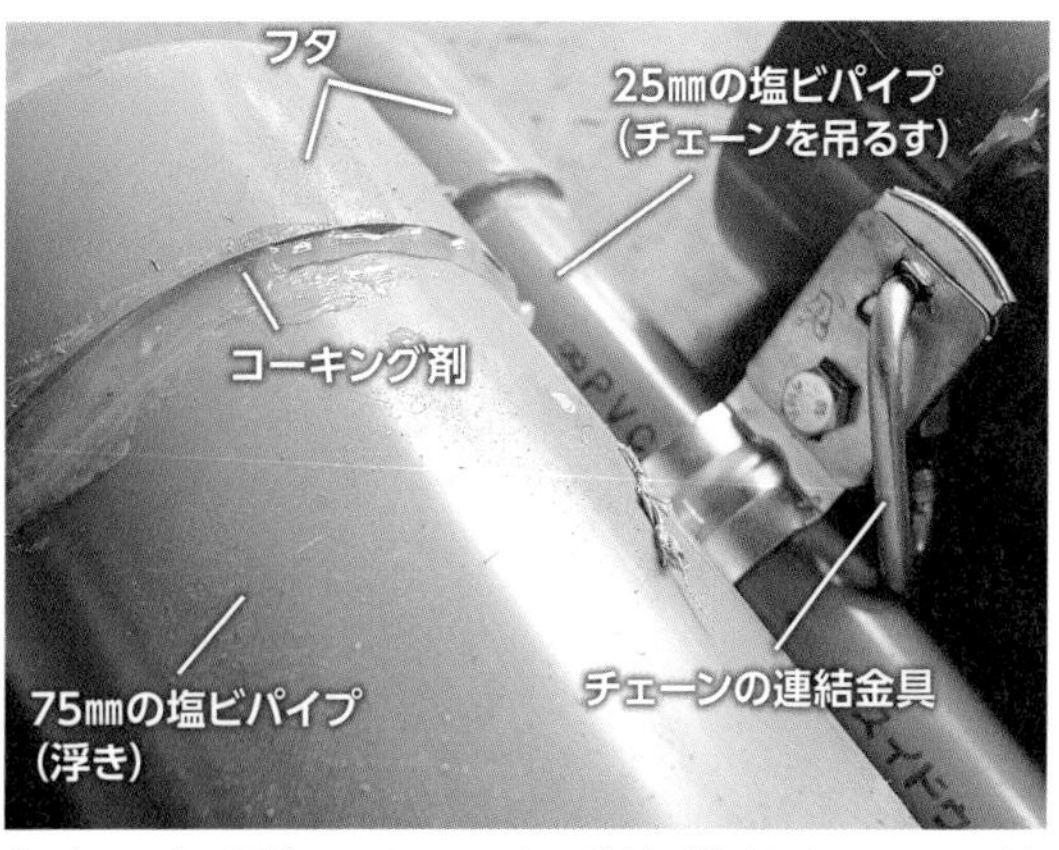

塩ビパイプの両端のフタはコーキング剤で防水した。チェーン連結金具は4カ所つけた

塩ビパイプ3本は金網で挟んでボルトで固定してあるが、パイプどうしの固定はされていない

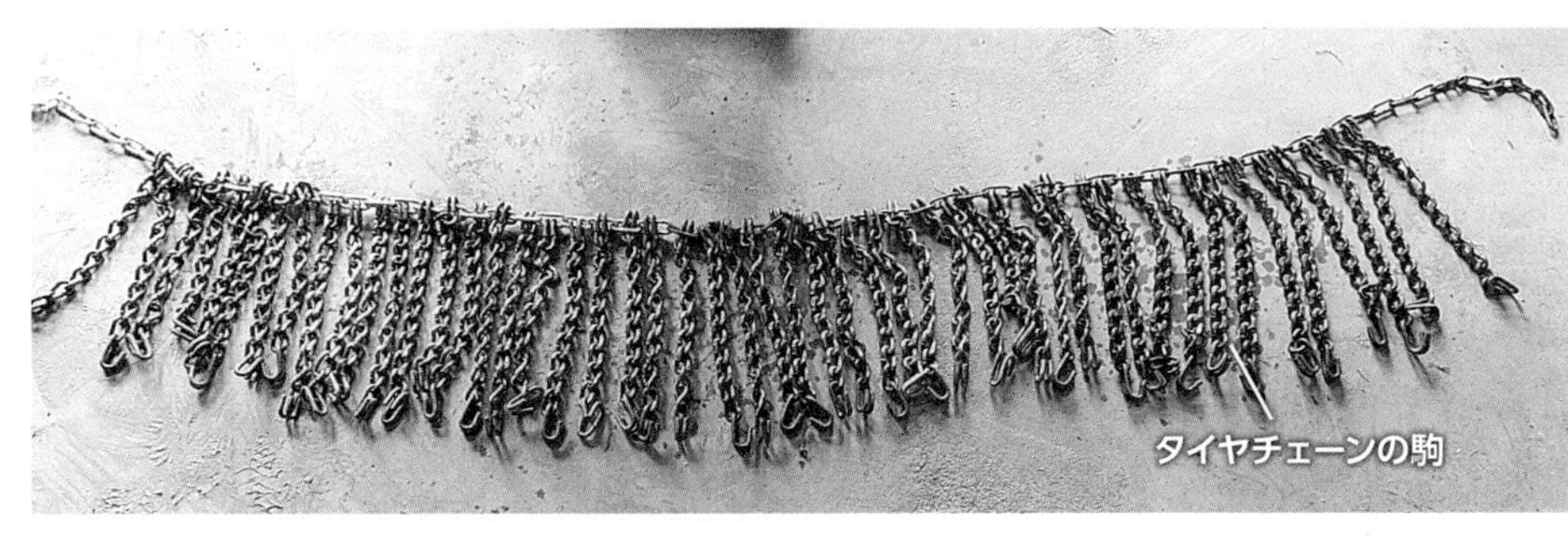

2m30㎝のチェーンに30㎝ほどのタイヤチェーンの駒をつけた

横方向にもかけられるのがチェーン除草器の強みです。

除草後、イネはちょっと横になりますが、数日後には元に戻っています。抜けることはありませんでした。

除草するのは田起こしをしてから間もない時期なので、ワラやイネの株が残っていて除草器に絡むことが課題です。秋起こしをして、春先に残渣が少ない状態にすると効率が上がると思います。とろとろの田面作りが肝心だと思いました。それから、草は大きくなると取れなくなりますので、初期除草を徹底すること。１週間ごとにできれば理想的です。

今年は忙しさにかまけて、草を大きくしてしまい、効果が上げられなかったので、来年はちゃんと除草器を定期的にかけていきたいです。

軽トラで引っ張る

チェーン除草

大分県国東(くにさき)市●村田光貴

長さ6mの巨大チェーン除草器。チェーン2本を吊るす塩ビパイプは直径10㎝、2本のチェーンはそれぞれ30kgある。チェーンは開閉式の金属金具で取り外せるようになっている

陸前高田市でリンゴや野菜をつくっていたが、東日本大震災で市内3カ所の農地はすべて被災。農業を再開できる見込みがなくなったので移農を決意し、現在は、大分県国東市で肥料や農薬を使わないお米づくりに挑戦中。経営面積は田んぼ7ha、オリーブ50ａ、野菜30ａ。

6ｍの巨大チェーン除草器

無農薬稲作の1年目と2年目は、あめんぼ号（歩行型の動力除草機）を使っていたが、条間は除草できても株間に草が残り、結局、草だらけになってしまった。そこで、3年目となる昨年からチェーン除草を取り入れた。

初めは、2ｍのチェーン除草器に漁業用ロープをつけて、両アゼから引っ張りあって除草していたが、大面積を効率よく除草できるようにと、4ｍに延長、チェーンの数を増やすなどの改良を重ねた。そして出来上がった現在のものは、長さ6ｍのダブルチェーン方式。内側のチェーンで稲株を倒し、外側のチェーンが株元の草を確実に取る。2ｍの除草機と比べると、6倍の効率となったと感じている。

重すぎるから、軽トラで引っ張る

しかし、除草器は75kgの重量となり、とても人力では引っ張れない。

そこで、漁業用ロープに繋いだ除草器を軽トラで引っ張ることを考えた。時速5㎞で牽引(けんいん)、アゼ際に固定した滑車（一輪車の車輪を利用）のおかげで、除草器は真っ直ぐ進む。この方法で、2反の除草が約30分で終わるようになった。

最初に比べたら作業性はよくなったが、まだまだ改良できると思っている。今後、よりよい除草器を作っていきたい。

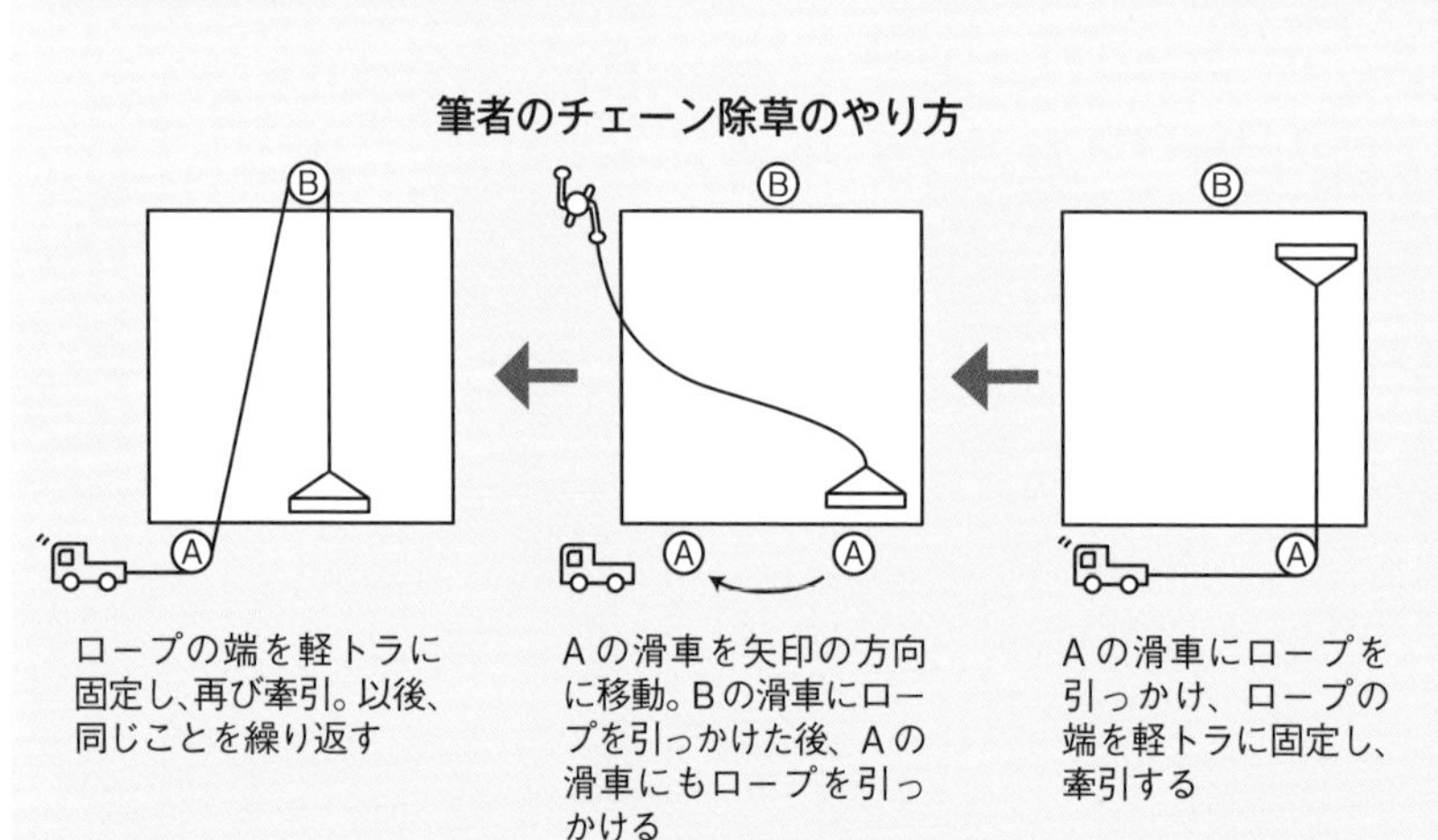

一輪車の車輪の軸に金属の棒を通し、滑車代わりに。除草作業は深水にして行なう

ペレット製造機

愛媛県宇和島市●影山芳文さん

　塩ビパイプなら、溶接機なしでペレット製造機だって作れる。田んぼに米ヌカをまく、影山さん愛用の一品。

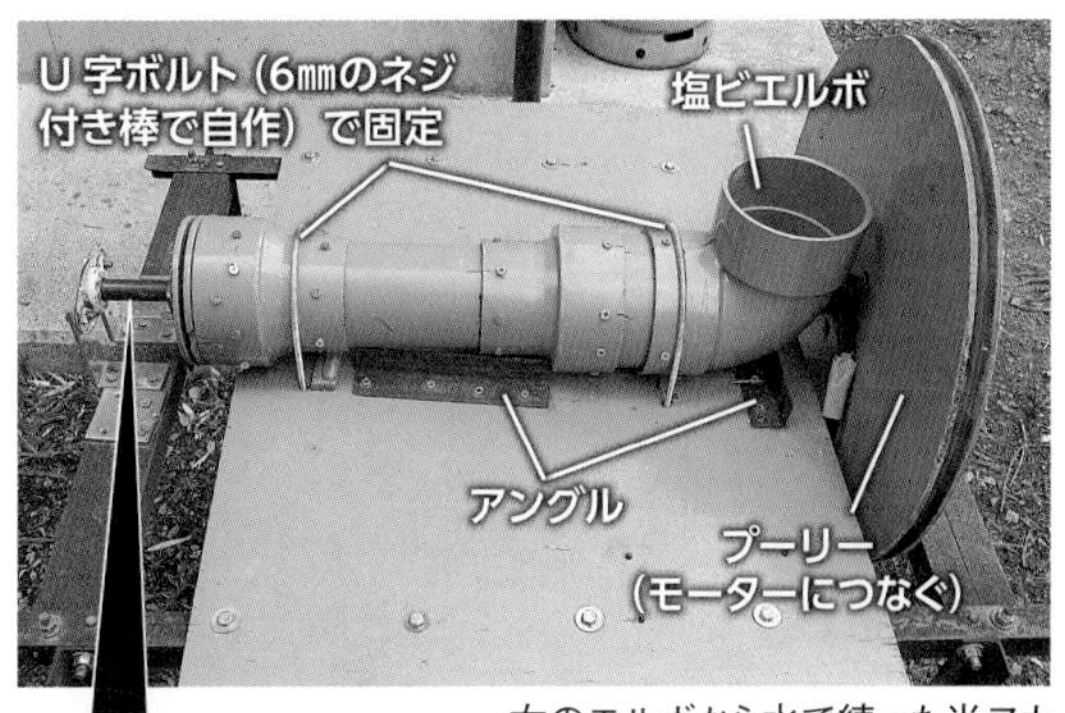

右のエルボから水で練った米ヌカ団子を入れると、左端の穴開き鉄板から練り出されてペレットになる（自重で落ちるときに適当な大きさになる）

モーターを取り付けると…

直径60㎝のプーリーは、円形に切った合板2枚を合わせて木ネジ、ボルトナットで固定。モーターは1馬力。モーター側のプーリーは6.3㎝

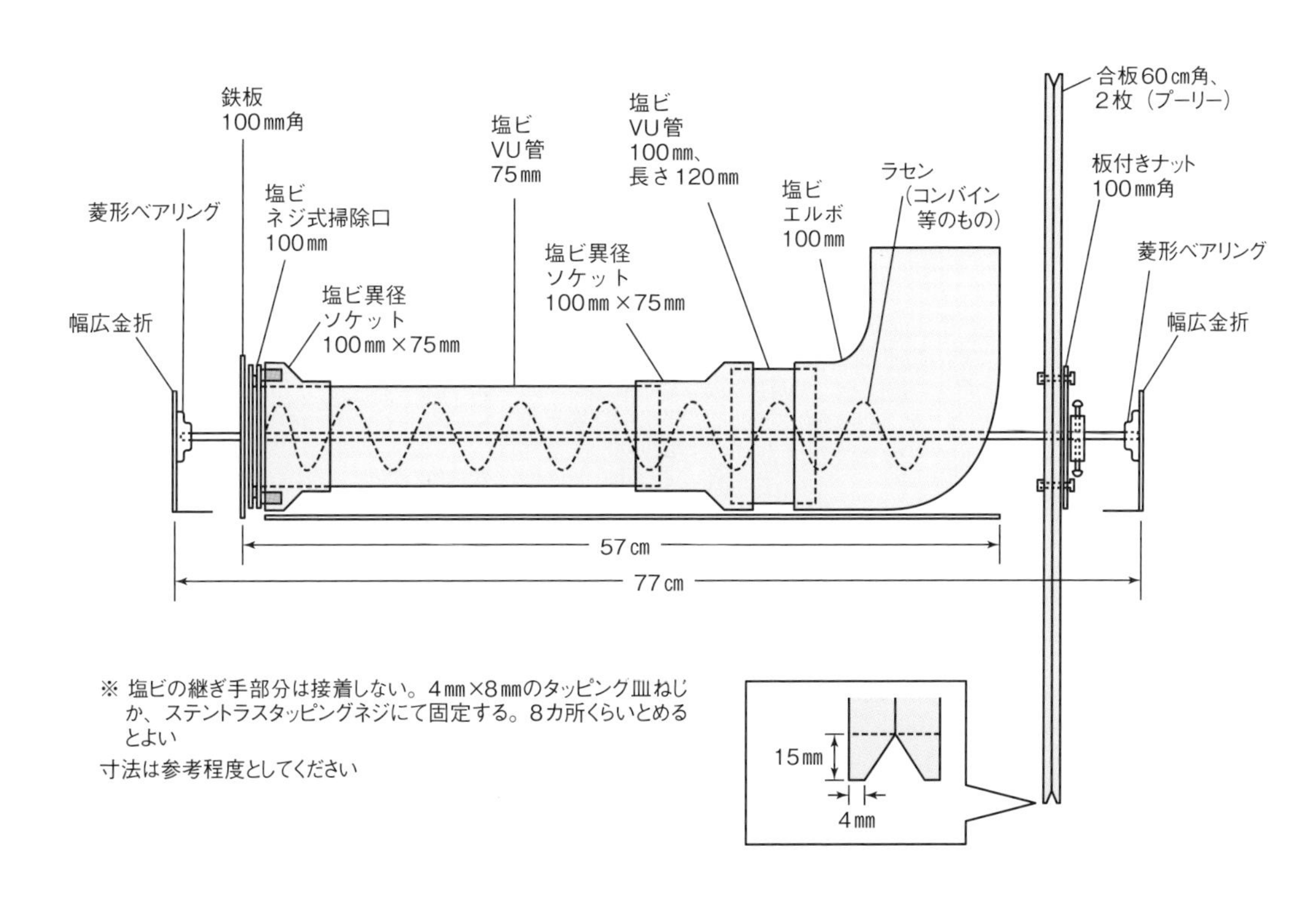

※ 塩ビの継ぎ手部分は接着しない。4㎜×8㎜のタッピンク皿ねじか、ステントラスタッピングネジにて固定する。8カ所くらいとめるとよい

寸法は参考程度としてください

ヤサイゾウムシ

コマツナハウス内のC字溝トラップ。スリットだけが見えるように埋める

越えられない!
ヤサイゾウムシ防除にC字溝トラップ

中央農業総合研究センター●長坂幸吉

歩いてくる虫には落とし穴

ヤサイゾウムシはアブラナ科野菜のほか、シュンギクやホウレンソウ、ニンジンなど秋から春にかけて栽培される野菜で発生します。有機栽培など農薬を使用しない場合は、年々被害が激しくなることがあります。

成虫は体長1cm弱で、飛翔することはなく、もっぱら歩行により移動します。産卵や摂食などの活動は夜間に行ないます。幼虫は葉や心部を食害し、野菜の商品価値をなくしてしまいます。

ヤサイゾウムシは農薬を使用しない圃場で問題となるので、防除には農薬以外の方法を考えなくてはいけません。着目したのは成虫の移動が歩行に限られるところです。成虫の足の先端はかぎ爪で、ツルツルの壁面を上ることができません。ですから、地面にツルツルの素材で作った落とし穴を設置すれば、捕殺できるのではないかと考えました。

より多く捕まえられるように落とし穴の配置は線状にし、管理や収穫の作業の邪魔にならないこと、手に入れやすい材料で簡単に作れることを考え、採用したのが塩ビパイプです。直径40

C字溝トラップ。1～2mの長さにしてジョイントで連結する構造にしておくと、スリットの加工、設置・回収も簡単。両端のキャップには水抜きの小さな穴をあけておく。ジョイントやキャップは洗うときに外すので接着しない

試験ハウスでのC字溝トラップの配置

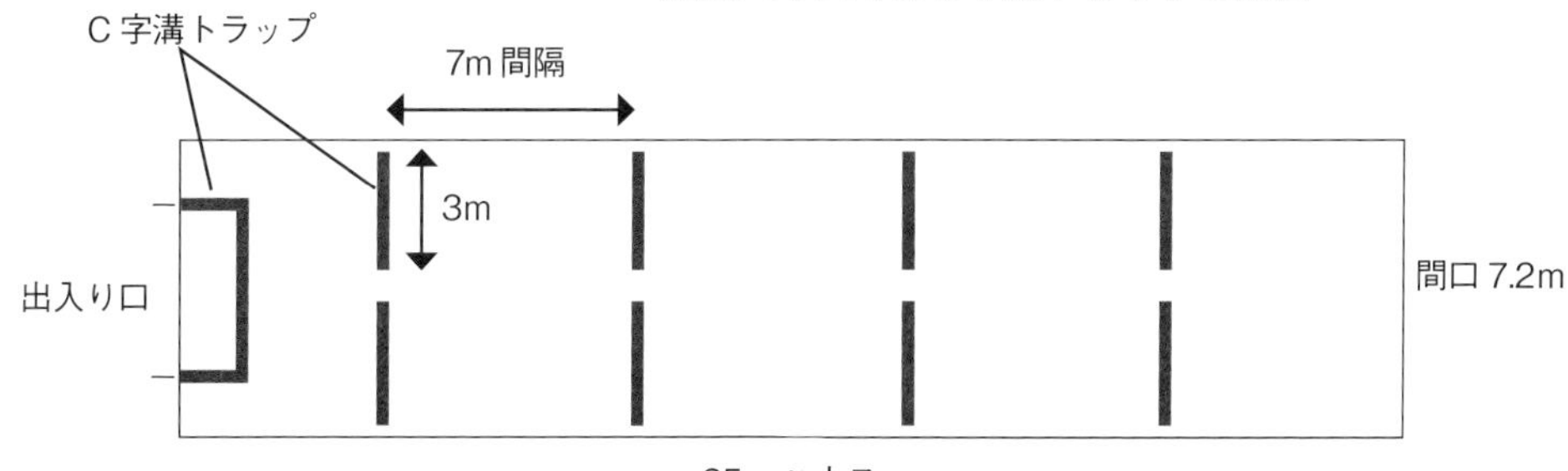

～55㎜の塩ビパイプに縦方向に幅15㎜程度のスリットを入れます。そして、このスリットの部分を地表面すれすれに出してパイプを埋めます。塩ビパイプの断面の形から「C字溝トラップ」と名付けました。

幼虫の密度半減

実際に、コマツナ周年無農薬栽培で毎年ヤサイゾウムシの甚大な被害を受けていたハウスに、コマツナ播種直後にC字溝トラップを設置しました。ハウス出入り口にもコの字型にC字溝トラップを設置しました。トラップは一作ごとに回収・洗浄し、設置しなおしました。12～4月の間に2棟のハウスで合計156匹の成虫と65匹の幼虫が捕殺できました。

ハウス内でのヤサイゾウムシ幼虫の平均密度は、1株あたりトラップなしのハウスでは0・35匹、トラップ設置ハウスでは0・15匹と半分以下。ヤサイゾウムシの食害だけ見た場合、出荷可能なコマツナの割合が55％程度から80％程度に増加したと推定されました。その上、収穫株の選別や出荷調製時に虫を取り除く手間も大幅に減少し、効果は見かけ以上に大きかったと

のことでした。

ポイントは播種直後の設置

このトラップは成虫が卵を産み付ける前に捕殺するのが目的ですので、トラップは播種直後に設置することが重要なポイントです（播種前だと播種機が使いにくい）。苗を植え付ける場合には、移植前にトラップを設置しておきます。幼虫による被害が生じてからでは効果はありません。

このC字溝トラップ、ほかに応用できる害虫はないか検討中です。たとえば、カブラヤガの幼虫（ネキリムシ）も5㎝以上のツルツルの壁面を上ることはできません。実際にC字溝トラップでネキリムシが24匹捕獲できていましたので、何か工夫を加えて使えるようにできればと考えています。

塩ビパイプで簡単スコップ

静岡県伊東市●秋葉光隆さん・眞貴子さん

伊東市に移住してから農業に目覚めた秋葉光隆さん、眞貴子さんご夫婦に簡単便利な手作りスコップを教わりました。

材料は直径20㎜の水道用塩ビパイプ（VP）。これを長さ25㎝ほどに切って、先を斜めにカットするだけです。もう一方にドリルで穴を開けてヒモを通し、柵や畑の脇のポールなど、いろんなところに引っ掛けて使いたいときにすぐ手に届くようにしています。軽くて先が細いので雑草をピンポイントに掘り取れるのがいいところ。「市販のスコップは大きく掘れちゃうし、取りに行くのも面倒で意外と不便」と思って開発しました。竹で作ったこともありますが、2～3回で傷んでしまったのでオススメしません。

秋葉さんはペンキで色を塗ってかわいくデコレーションもしています。みなさんも是非お試しあれ！

簡易ホースコーナー

山口県山口市●林　謙次

収穫調製以外の作業は1人でするため、予防をするときのホースを少しでもラクに引っ張れないかと思っていました。市販のホースコーナーもありますが、ハウス13棟分だとかなりの金額になってしまいます。

最初は鉄パイプだけで試しましたが、その後、車の鉄ホイールで試しましたが、回転しにくかったりホイールの下にホースが入り込んだりしてイマイチでした。あるとき試しに廃材の塩ビパイプを鉄パイプに被せてみたら、クルクルとまわって意外と調子がよかったので、以降こちらを使用しています。

塩ビパイプは直径50㎜前後のものがいい感じですが、100㎜くらいでも問題ありません。

劇的に軽くはなりませんが気分的には軽く感じます。お金もかからないのでお試しあれ。

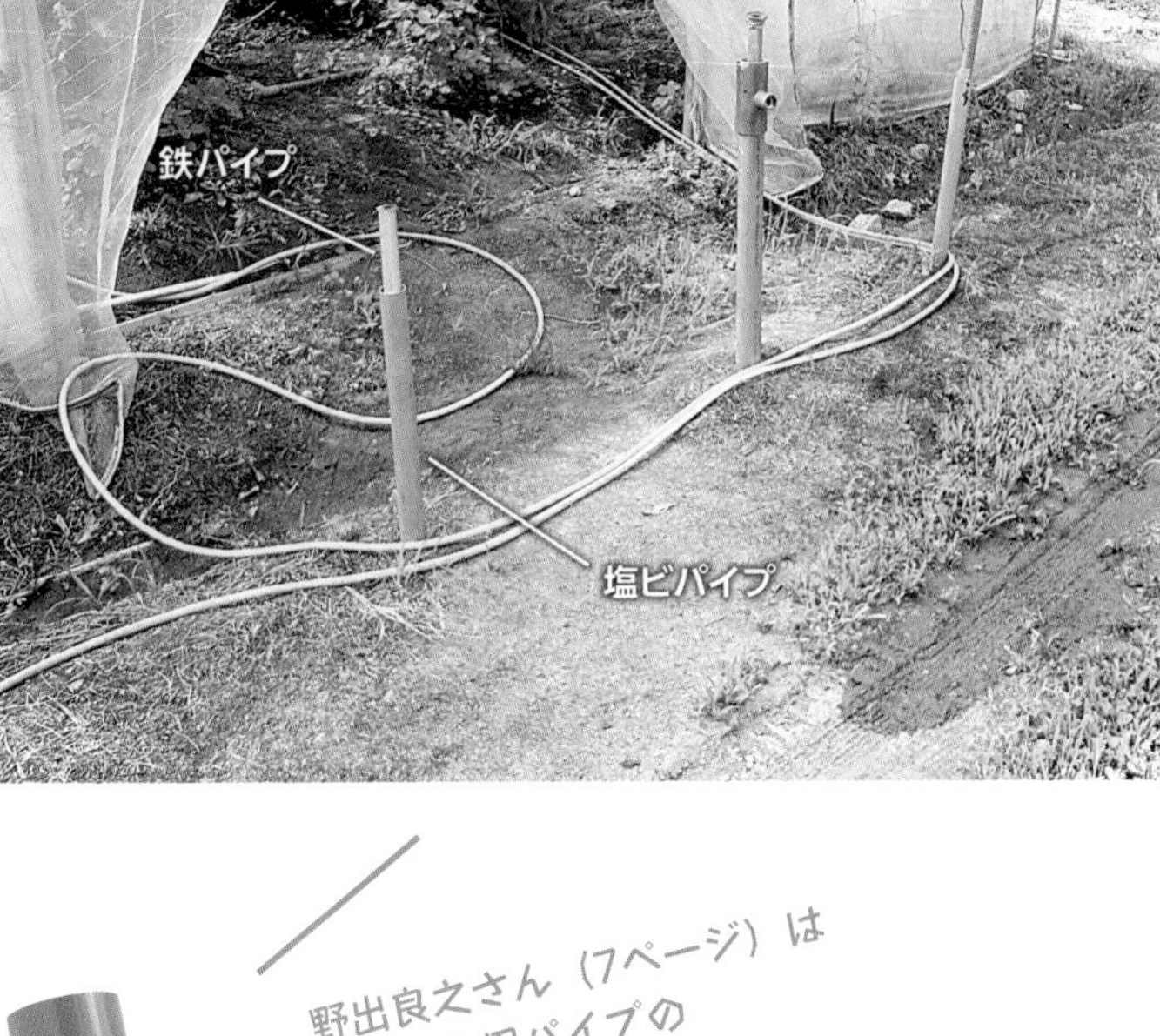

ホースがはね上がらないチーズ

鹿児島県南さつま市●大原智晴

タンクなどに水を入れるとき、水圧でホースがはね上がることがありますが、先端にチーズを付けると左右に水が出ることでバランスが保たれるのでホースが暴れません。動力噴霧機の余水ホースにつけるのもよいです。

播種・定植に

遠くから引っ張れる パイプを重ねただけの苗踏みローラー

茨城県北茨城市●鈴木孝夫さん

幅：約2m

材料

- 塩ビ管（大）：VU管、直径100㎜
- 塩ビ管（小）：足場パイプの内側、直径約30㎜
- 足場パイプ：直径49㎜
- エルボ：塩ビ管（小）に連結
- マイカー線

エルボはマイカー線が塩ビ管の端に当たって擦れるのを防ぐ。足場パイプは重さを加えるために入れている。主に廃材を利用し、新たな出費はなかった

平置き出芽させたポット苗を、ハウスプール育苗する鈴木さん。暖かいハウスでも徒長しないよう、3年前に苗踏みローラーを自作した。太さの異なる3本のパイプを組み合わせたローラーで、中央に通したマイカー線を引っ張ると転がる仕組みだ。そのほか、大きな苗は板でも踏んだり、プールへの入水を上部からの強いシャワーで行なったりと、意識して茎に刺激を与えている。

苗が生長してローラーが転がりにくくなったら、今度は板をのせ体重をかけて踏んづける

塩ビパイプのローラーで覆土の持ち上がり解決

青森県青森市●野沢美奈子さん

一昨年から愛用するローラーを持つ野沢さん。ローラー部分の中には石が詰まっている（写真はすべて依田賢吾撮影）

夫の一平さん（44歳）

露地とハウスのプールで7500枚の苗を育てる野沢美奈子さんは、出芽時期からローラーで何度も苗を踏む。夫・一平さん手製のローラーは、塩ビ管とレーキの柄を組み合わせた構造。とても軽くて扱いやすく、長く使っていても疲れにくい。

ガッチガチの覆土を落とす

最初にローラーをかけるのは、育苗器（2日間）から出してハウスに平置きし、苗箱全体の芽がほぼ出揃った頃。覆土の持ち上がりを直すためだ。

野沢さんは、床土にも覆土にも山の黒土を利用している。しかしこの土、水をかければベタベタで、乾くと今度はガッチガチ。出芽時に持ち上げられた土は、1枚の板のようになる。光を阻害したり、板のまま芽を押し潰したりして、生育を阻害するので、早めに落とさないといけない。

最初のかん水を多めにして、土を落とす人も多いが、土を被っていた白い芽に、冷たい水はショックも大きい。過湿も怖いし、土が寄って種モミが露出する原因にもなる。ローラーならそうした心配はない。野沢さんはくもりの日の朝、シートを剥いで覆土を乾か

ローラーは軽いので、1.5葉期を過ぎたら鉄パイプの重りをつける。朝の苗踏みでは葉露が勢いよく飛び、いい匂いがする

持ち上がった覆土が固まったのが原因で欠株となってしまった

し、午後にローラーをかける。その後1日おいて芽が外気に慣れてから、1回目の水やり（散水または底面給水）をする。

1〜1・5葉期前にプールへと入水したら、今度は徒長防止のため、定期的にローラーをかける。昨年は合計で5回以上かけたところが多かった。

近年は春先の気温が高い日が増え、ハウスプールで深水にしすぎると徒長する。伸びすぎた場所は、植え付け直前にやむなく刈り払い機でせん葉することもあるという。かといって、ハウス内が5度前後まで下がる日もあるため、水の減らしすぎも怖い。

そこでローラーの出番。徒長防止はもちろん、葉の間に空気が入るからか、以前より苗のムレも減ったという。

密苗にはもっと重いローラーを

ただ昨年は、初めて取り組んだ密苗に戸惑わされた。ハウスプールでは平置き出芽も試してみたが、播種量が多いため「力を合わせて、よいしょーっと、覆土を大量に持ち上げちゃったんです」。多くの芽に支えられた土は、ローラーではなかなか落ちず、手で砕いて落としたところも多かった。

その後も密苗には意識してローラーをかけたが、本数が多いので、軽いローラーは跳ね返されてしまう。「密苗には、もっと重いローラーじゃないとだめだなぁ」。それでもかける回数を重ねたところ、露地プールだったこともあり、ずんぐり苗に仕上がった。

野沢さんは「ローラーをかけると、草のいい匂いがする」と言う。とくに、あきたこまちの匂いが一番のお気に入りだそうだ。

覆土の持ち上がりをローラーで直す

持ち上がった覆土。湿ったままだと土や種モミがローラーにくっつくので、シートを剥がして半日ほど乾かす。このとき覆土の温度が上がると苗が焼けるので、覆土直しはくもりの日に行なう

ローラーをかけると、覆土が落ちて芽が顔を出す。もう土を持ち上げることはなく、緑化も進む

密苗の露地プール育苗で、ローラーがけの有無を比較(催芽モミ360g播き、品種はまっしぐら、21日苗)。軽いローラーでも、何度もかけたら苗丈が抑えられた

もうやめられまへん

田んぼに流し込み施肥

兵庫県姫路市●山下正範

悪戦苦闘と試行錯誤の末に完成したドラム缶施肥器で「米ヌカ汁」を田んぼに流す（写真はすべて倉持正実撮影）

地獄の追肥作業はもうゴメン

クソ暑い夏場のイネの追肥は地獄の仕事でした。1町歩の田んぼに10a当たりチッソ3kgの追肥をするなら、油粕のペレットで600kg。動力散布機を背負ってアゼを何十回も行ったり来たりすると、体がヘトヘトになってしまいました。一輪車に動散を載せる装置を作って、背負わずに歩いて散布できるよう工夫もしましたが、それでもやっぱり汗はダラダラ、膝がガクガクしてきます。最近は欲も得もなくなり、追肥作業はもうゴメンだと思ってしまいました。

去年8月号の記事を見て、はたと膝を打ちました。乾燥鶏糞を溶かした「鶏糞水」を水口から流し込む鳥取県の浦林和實さんが紹介されていました。「そうや、鶏糞を溶いて流し込むという方法があったんや」。

これまで毎年、苗代には、鶏糞を薄く水に溶いて追肥で流し込んでいましたが、大きな田んぼに流し込むなんて思いもしませんでした。「流し込みでやれたら……」。そう思うと道が開けてくるような気がしました。

米ヌカだって水で溶いて流し込めるかもしれない――。除草剤を使わないので、乗用除草機を2～3回入れています。除草機の除草効果を高めるために米ヌカとの複合除草をしたいと思っていましたが、大きな田んぼに米ヌカを散布するなんてとてもできないとあきらめていたのです。

ドラム缶で大量の有機液肥を作る

改良に改良を重ねて、というとカッコイイけど、じつは失敗に失敗を重ねて、今年の8月初め、ドラム缶施肥器にやっとたどり着きました。

この施肥器のいいところは、大量の水で有機肥料を溶かせるところにあります。エンジンポンプの能力は1分間で約200ℓ。10分続ければ2tの有機液肥の投入になります。その有機液肥が、さらに水口から入水される大量の水で薄められて、田んぼ全体に広がっていきます。

去年、今年と田んぼの流し込み施肥をやってみて、水による拡散力というのは、すごいなあと思いました。田んぼ全体でみれば上出来じゃないのと思えるくらい、イネはまあまあ平らにできています。とはいえ、水口周辺に濃い液が溜まって周辺の葉色が黒々するのは気になります。打開策やヒントなど、教えていただけるとありがたいです。

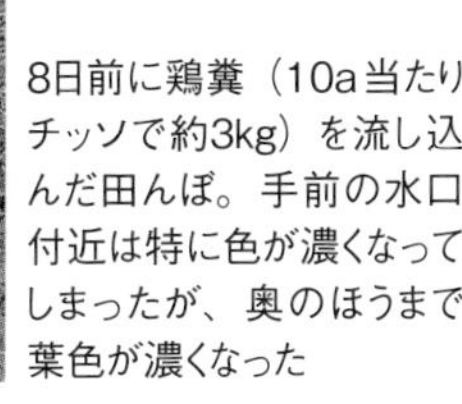

8日前に鶏糞（10a当たりチッソで約3kg）を流し込んだ田んぼ。手前の水口付近は特に色が濃くなってしまったが、奥のほうまで葉色が濃くなった

ドラム缶施肥器 —— 肥料と水がよく混ざる

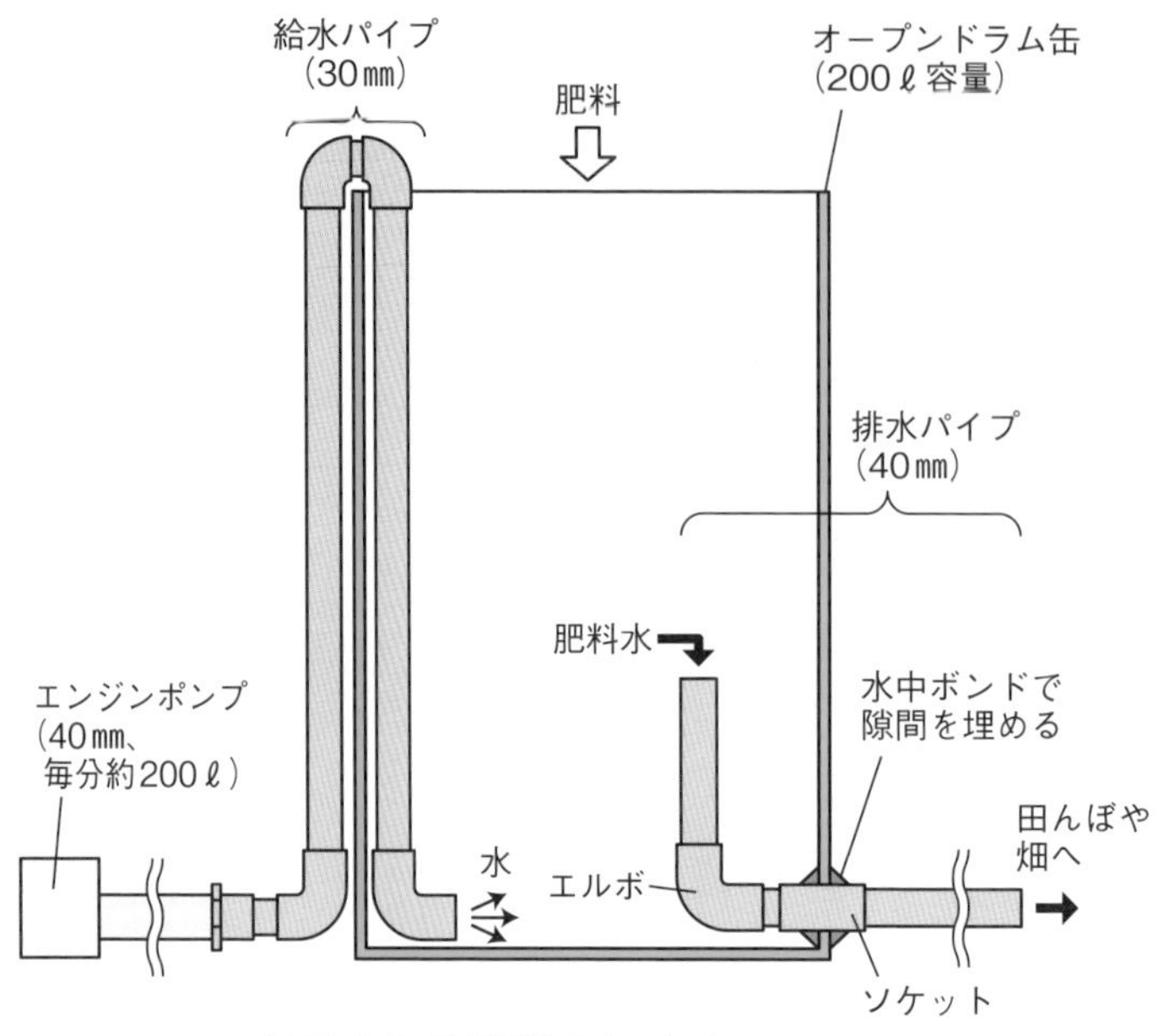

ドラム缶施肥器のしくみ

エンジンポンプで水路から汲みあげた水は、ドラム缶内で肥料と混ざり、排水パイプから勢いよく流れ出る

流し込み施肥に使うのはドラム缶と給水・排水用の塩ビパイプ、エンジンポンプ、給水ホース、それに流し込む有機肥料（発酵鶏糞や米ヌカ）。どれも1人で持ち運べる

1. 塩ビパイプとドラム缶をつなげ、給水側の塩ビパイプをホースでエンジンポンプにつなぐ

2. ドラム缶内では米ヌカや鶏糞が詰まらないように、排水口のエルボを上向きに取り付ける

3. ポンプのエンジン回転数を上下してドラム缶の水位を調整しながら、少しずつ有機肥料を足していく

鶏糞を足す著者

ドラム缶の内部

❹ ポンプの能力は1分間に200ℓ。給水ポンプで送り込んだ水が狭いドラム缶の中に起こす水流で、肥料と水がよく混ざる

水流で撹拌される鶏糞

鶏糞も米ヌカと同じ要領で流し込み

白い米ヌカ汁はドドドーッと水口に落ち、用水と混ざって広がっていった

6aの田んぼに20分ほどで米袋3袋分の米ヌカを流し終え、水だけを流す「押し水」中。その様子を水尻から眺める著者

立ったままで播種できる3点セット

長野県千曲市●笠井隆志

サヤインゲンを栽培しています。かがんで行なう播種作業で足・腰に痛みを感じてきたので、立ったまま作業ができる小道具を塩ビパイプで作り、自己満足しています。

播種穴開け器

取っ手はチーズ、先端には不要になった家具の足を使用。金属部を土に刺して2、3回ひねるとインゲンの播種にちょうどよい深さ・大きさの穴ができます。また、株間が測れるように10㎝間隔でビニールテープで印をつけました

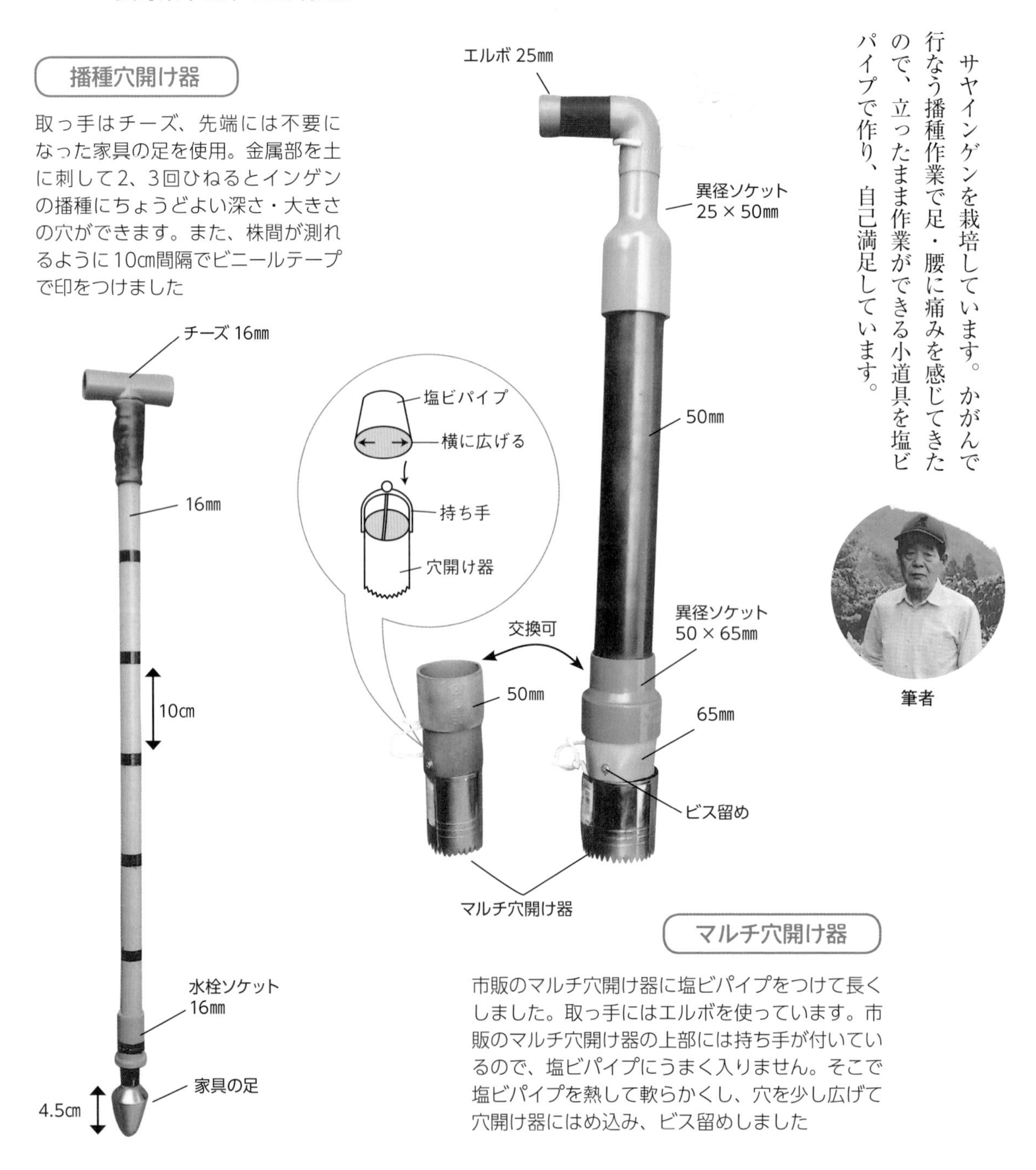

筆者

マルチ穴開け器

市販のマルチ穴開け器に塩ビパイプをつけて長くしました。取っ手にはエルボを使っています。市販のマルチ穴開け器の上部には持ち手が付いているので、塩ビパイプにうまく入りません。そこで塩ビパイプを熱して軟らかくし、穴を少し広げて穴開け器にはめ込み、ビス留めしました

腰曲げ不要の手作り追肥器具

青森県南部町●工藤 豊さん

南部町の工藤豊さんのピーマン畑にお邪魔したときの話です。マルチが張られたウネとウネの間を歩きながら何やら作業中の豊さん、右腰に肥料が入ったカゴを下げ、左手に手作りの器具を持って追肥していました。この追肥器具を使えば、ラクラク追肥ができるそうです。

材料は、醤油のペットボトル（1.8ℓ）と、塩ビパイプ（20㎜径）と、割り箸とビニールテープです。

ペットボトルはキャップと中蓋を外し、上半分を切って使います。塩ビパイプにビニールテープを巻きつけてペットボトルの口と同じ太さに調節して差し込み、接合部の外側からもビニールテープで固定します。

パイプの出口をピーマンの株元に寄せて、ペットボトルに一握りの肥料を入れると、パイプを通って株元だけに肥料がまけます。わざわざ腰をかがめて歩かなくてもこの暑い夏を省エネ快適で過ごす、技ありな発明です。

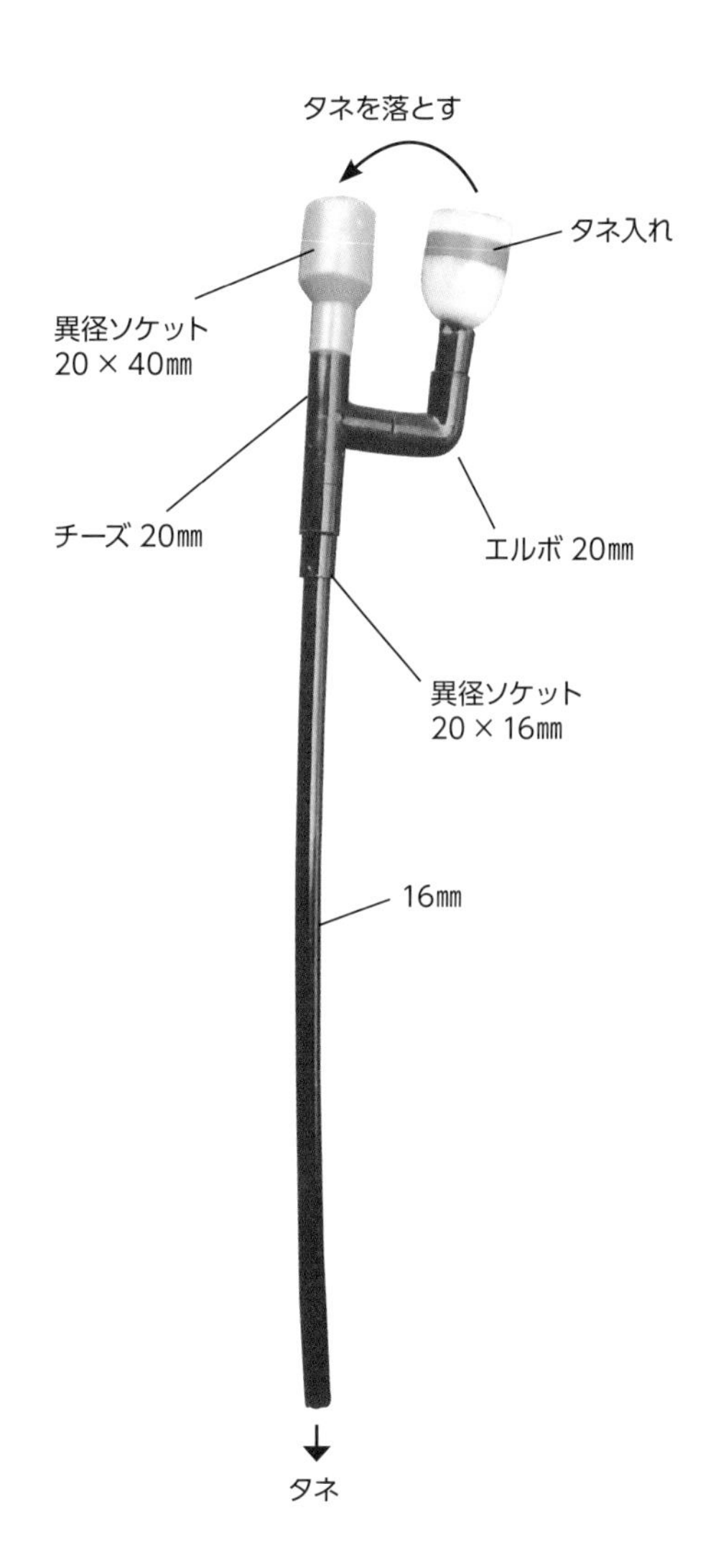

播種器

右側のタネ入れにタネを入れておき、左側の異径ソケットからタネを落とします。タネ入れはペットボトルの上部を切り取り、逆さにしてエルボに挿しました。中にプリンの空き容器を入れています

塩ビパイプで定植道具いろいろ

マルチ穴開け器

長崎県佐世保市●永田康幸

以前は熱した炭を入れた空き缶をマルチに当て、熱で穴を開けていたが、切り抜いたマルチを1回ごとにはがす作業が面倒だった。試しに塩ビパイプで穴開け器を作ってみたところ、切れ味よく成功。作業時間は空き缶利用の5分の1になった。

先端のパイプは薄手のVUタイプにして、パイプソーでギザギザの刻みを入れてヤスリをかけると、スパンスパンと穴が開く。刃先が石に当たっても曲がらず長持ちする。先端のパイプと異径ソケットを替えれば穴の径の変更もできる。

※除草剤の空き容器は異径ソケット代わりに使った

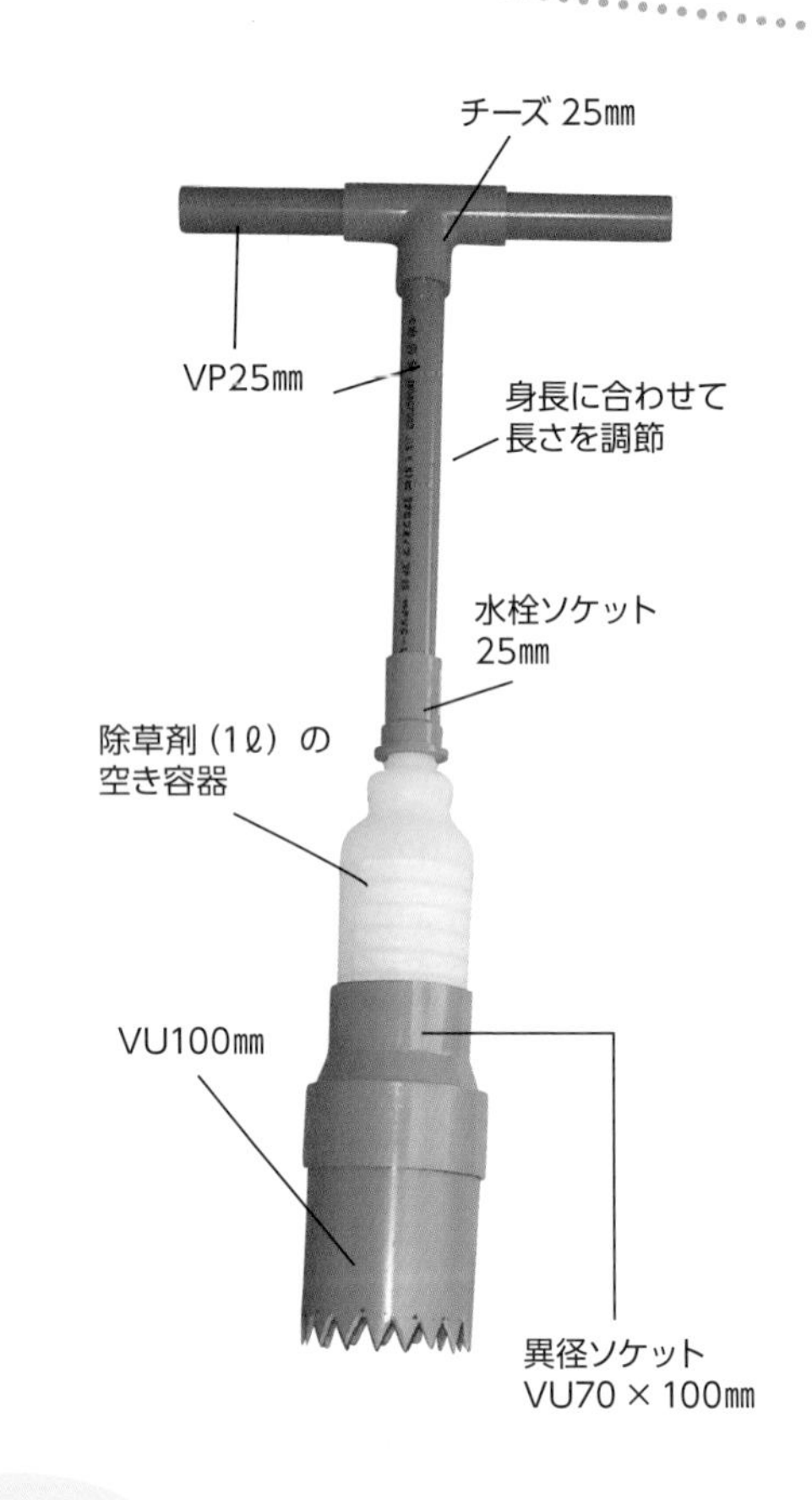

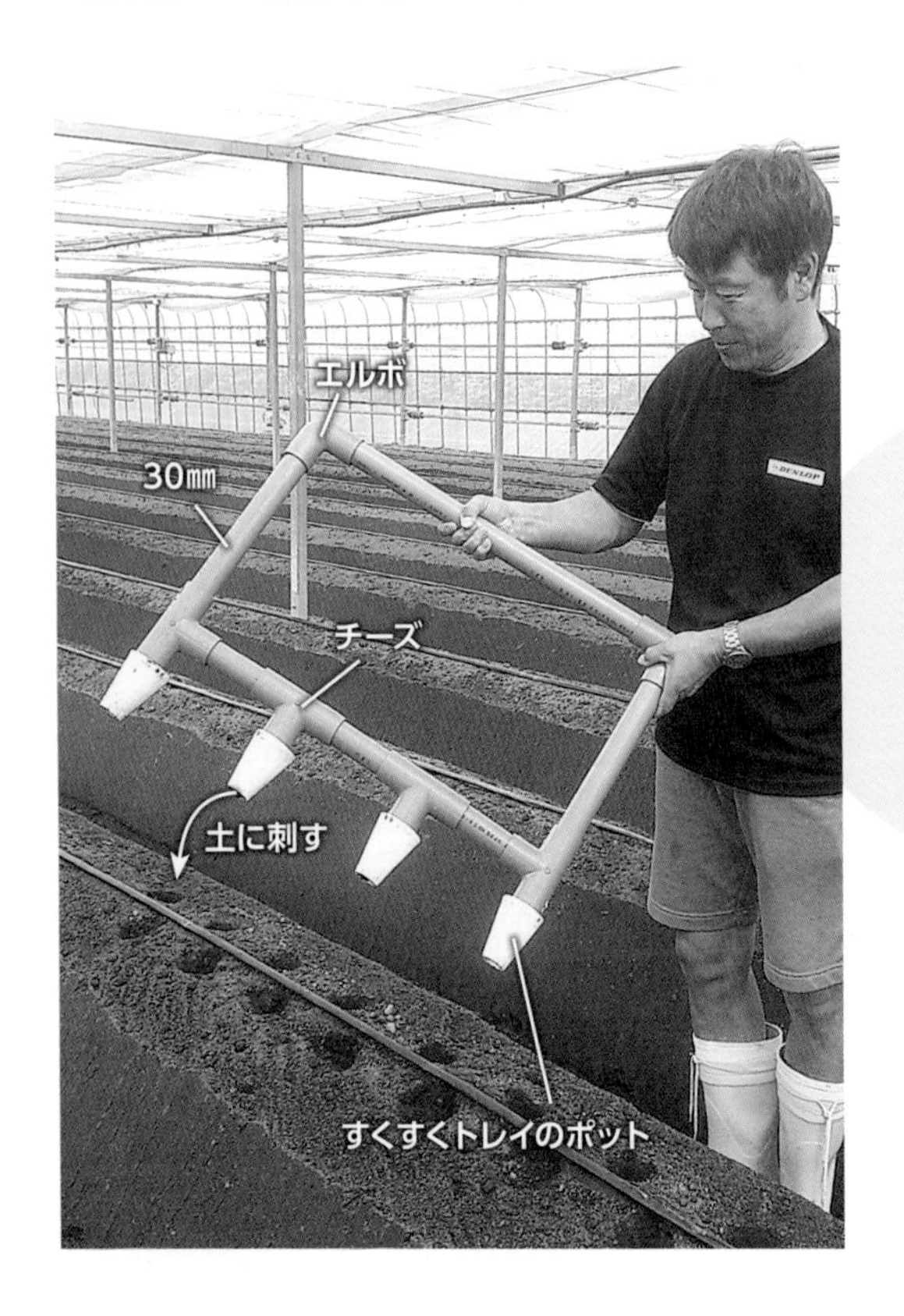

イチゴの植え穴開け器

群馬県渋川市●大畠篤司さん

イチゴ農家の大畠篤司さんは、一度に4つの植え穴を開けられる道具を手作りした。穴開け部分は育苗に使うすくすくトレイのポットなので、穴の形が苗の根鉢とピッタリ合い、苗をポンポン落とすだけでいい。土が硬いときは、塩ビパイプ（穴開け部分側）を上から足でぐっと踏むと、ポットがしっかり土に入る。

タマネギの植え穴開け器

兵庫県姫路市●山下正範

２年前から超極早生のタマネギを植え始め、３月初めから収穫できるようになりました。超極早生のタマネギの場合、黒マルチをかけて地温を上げることが不可欠です。最初の年は普通の黒マルチを張って、指で穴を開けて定植していましたが、とても手間でした。

そこで、去年は穴間15×15㎝（130㎝幅で５条）の穴開き黒マルチを買い求めました。その穴に合わせて、直径13㎜の塩ビパイプを使った穴開け器を作製。これで土に穴を開け、その穴に苗を突っ込み、指で周りの土をギュッと寄せるようにしたら、ずいぶんラクになりました。

土が乾いていると穴がすぐ崩れるので、トラクタで数m耕起して、マルチを張って、穴を開けて植えて、またトラクタで次の場所を耕起して……と、繰り返しやりました。植えた後にジョウロかスミサンスイで水をやれば、翌朝には苗がピンと立っています。

タマネギの植え穴開け器の使い方

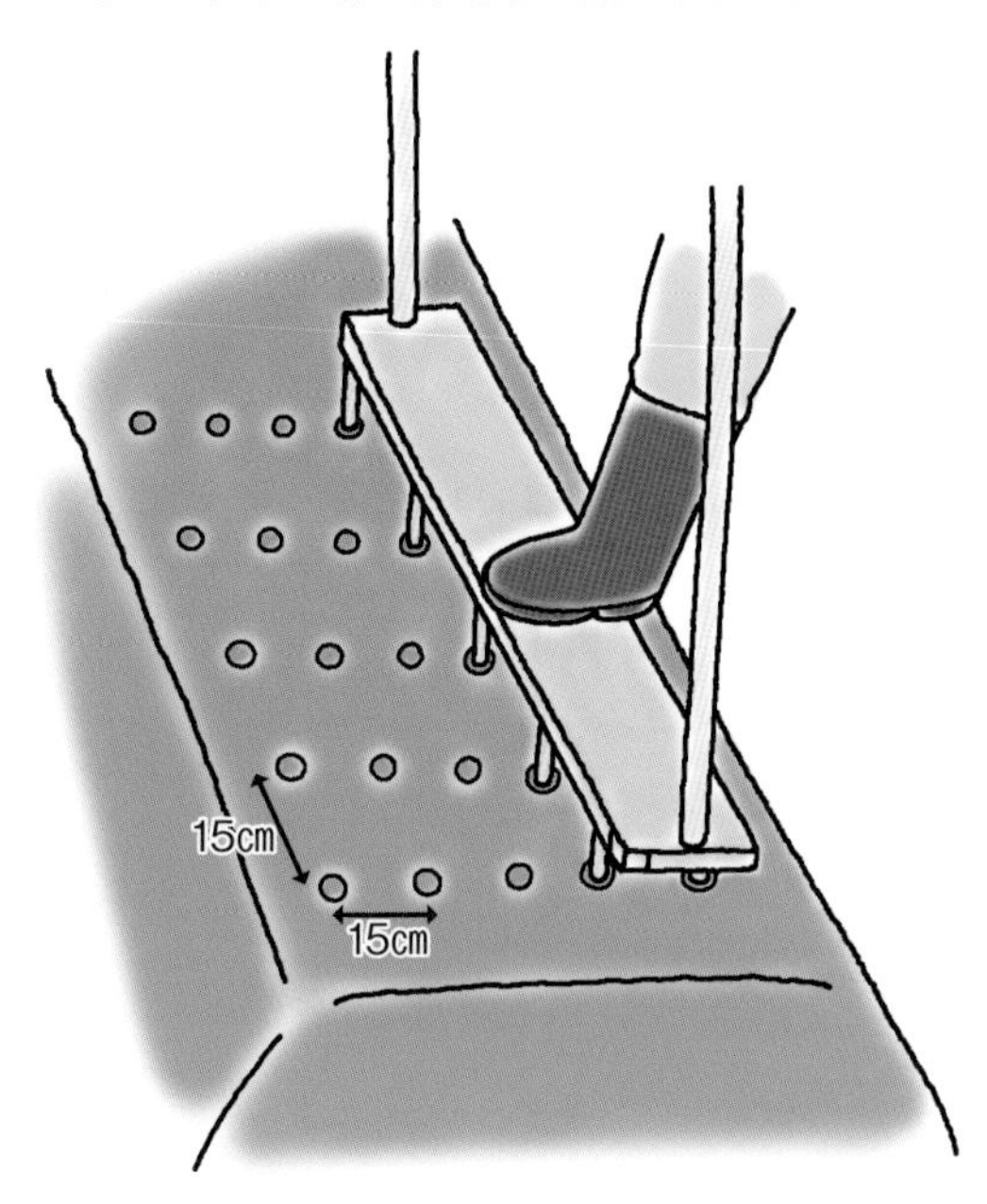

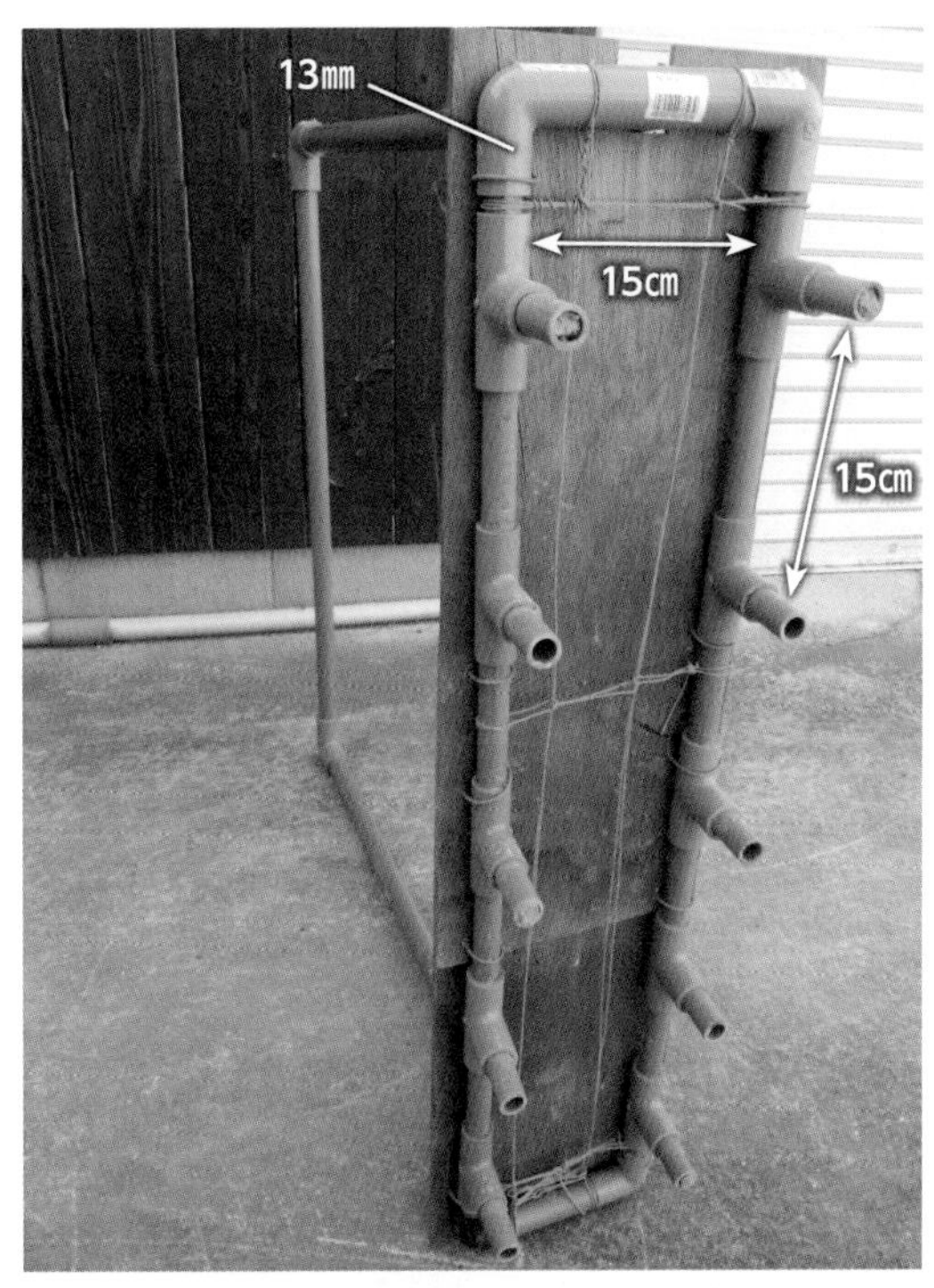

マルチの穴間と同じ15㎝間隔にチーズをつなげた。足で踏むとパイプが外れたので、板で踏み台を作り、針金で補強した

塩ビパイプで ミニトマトの養液栽培

神奈川県相模原市●笹生 剛（㈲笹生農園）

塩ビパイプ水耕栽培のミニトマト。レストランの料理に使うほか、お客さんにトマト狩りを楽しんでもらう

私は、水田2・5haでキヌヒカリを作付けする一方、食育・体験レストランを経営しています。また、趣味で始めた水耕栽培は今年で6年目。自宅の玄関横で、トマト、キュウリ、ナスなどを1本ずつ栽培することから始まって、今ではレストランの隣に専用ハウスを建設し、ここでミニトマトを水耕栽培しています。生産余剰時には、お客様に無料でトマト狩りを体験してもらっています。

安くて気温の変化に強い塩ビパイプ水耕栽培

水耕栽培（養液栽培）は、大きく分けて、NFT（薄膜水耕）とDFT（湛液水耕）に分けられます。どっちもそれぞれの最適環境下ではよく生長しますが、一長一短があります。人工的な管理をしない限り、環境は毎日のように、また季節によって大きく変動します。私もいろいろ試してきましたが、適温範囲ができるだけ広く、安価で、かつ失敗が少ないということで、塩ビパイプを利用した独自の栽培法に落ち着きました。

DFTの場合は根が水に完全に浸かっているので、液温が30度を超えると

栽培ベッドは15mが6本。ここに250株のミニトマトを植える。ベッドは2本単位で養液が循環している

「定植」は、鉢に移した苗を塩ビパイプの穴に置くだけ。鉢の中はココナッツ繊維とバーミキュライトを混ぜた培地

極端に溶存酸素量が減り、酸欠で根腐れします。その点、NFTは、根が水にどっぷり浸からないように浮かせて栽培するので酸欠の心配はありませんが、低温の影響を受けやすい。私のやり方は、温度を安定させるために水量の多いDFT栽培を基本としながら、ココナッツ繊維の培地を使うことでNFTのように根を浮かせました。いわば両者のいいとこ取り。水温が上がって水中根が根腐れしても、培地内の根は空気層が保たれているので腐りません。これがポイントなんです。

そして、ホームセンターで売っている安価な資材で、水漏れの心配もない（これ、けっこう大切です）塩ビパイプを使用しました。塩ビパイプには光を通さない長所もあります。光は植物の根の生長を抑制します。また、光が透過すると養液にアオコが発生し、これも根の生長を抑制する原因になります。

筆者

「だいたい水平」なら大丈夫

塩ビパイプは、ベッド2本ずつを「U」の字型に設置しています。養液は、この2本単位で熱帯魚のポンプを使って循環させています。

塩ビパイプを利用する利点は、設置のしかたがだいたい水平であればOKというところにもあります。私は工事の専門家ではないので、正確に水平にすることもできなければ、3％の傾斜をつけるようなこともできません。使用している塩ビパイプは、直径12・5cm、トマトを植えている逆T型のパイプの上端までは20cmほどあります。すると、極端なことをいえば高低差が最大20cmあっても養液は漏れません。

仮に、それ以上高低差ができてしまった場合でも、植える部分に塩ビパイプを足してやれば漏れないことになります。柔軟に対応できるのも塩ビパイプのいいところですね。

VU125のパイプがおすすめ

塩ビパイプの選び方で一番大切なことは、パイプの直径です。栽培する作物の根に合わせることが必要です。例えば、キュウリは細い根がたくさん出ます。そのため養液が流れにくくなりやすい。反対にピーマンは根が太くゴワゴワしているため、養液は流れやすい。こうした根の形状に合わせて、苗1株ごとの根域体積、すなわち株間とパイプの径を決めるわけです。心配ならVU125（呼び径125㎜）でチャレンジすることをおすすめします。私はすべてこの太さの塩ビパイプで栽培しています。パイプを接続するときは、接着剤で完全に接着したほうがいいでしょう。

また、パイプを水平（ほぼ水平）に配置することにより、養液をリザーブするタンクを省略できます。つまり、パイプ自体がタンクの役割も持っているということです。

ココナッツ繊維の培地で水分と空気を確保

育苗はポットで行ない、定植時期になったら水耕装置に移行します。水耕栽培なので育苗にも土は使いません。培地は、ココナッツ繊維とバーミキュライトを3：1で混ぜ、保水力と空気層を確保してやります。ここで大切なことは、ココナッツ繊維もバーミキュライトも無菌であること。定植時期になったら、51ページの写真のような鉢に移して塩ビパイプの植え穴に置くだけで、鉢の底から根が自然と出てきます。

肥料濃度が薄くなっても平気

それからの管理はとってもラク。3日に1回くらいの真水の注入と1週間に1回の施肥だけですね。

養液の肥料濃度は、基本的に栽培初期はEC0・8、中期から後期はEC1・3くらいで管理しています。なお冬季は、いずれもプラス0・4くらい上げます。養液が循環していれば、肥料濃度が薄くなっても（ECが0・4くらい下がっても）、それほど問題なく育ちます。逆に濃いと浸透圧で生育が抑制されるので注意が必要です。

施肥は1週間に1回ですので、次の肥料を入れるまでには水道水も足されて肥料濃度はどんどん下がりますが、養液が循環しているため問題なく育ちます。

ミニトマトを1年中栽培

また、養液の水温は常に18度に保つことができれば最高です。しかし、そのためには塩ビパイプを断熱資材で覆って保温しないといけません。また、チラーやヒーターも必要になります。それには手間と投資金額がかかります。

私は塩ビパイプで水耕栽培を始めたときから、投資金額は一般的な水耕装置の20分の1で営農レベルに近い収量と品質のトマトを育てることを目標にしてきました。そこでチラーやヒーターなどはいっさい使わずに、アイデアで適温範囲を広くしようと考えました。それが定植時に少量の培地（ココナッツ繊維）を使うことなのです。この培地があることで温度に対する緩衝力が上がります。当初の目標がほぼ実現できました。ミニトマトを1回に20段ずつ、年に2回栽培しています。

あとは、塩ビに巻いて保温する断熱資材さえ低コストでうまくできれば、冬場の栽培がすごくおもしろくなります。

（食育・体験レストラン「栗の里二本松店」
http://www.kurinosato.com）

塩ビパイプで簡単軟化ウドづくり

長野県千曲市●笠井隆志

20年前から山ウドを軟化ウドで楽しむ

私は現在74歳。農家に生まれましたがずっと勤めに出ており、定年後の青写真を描く準備もないまま、平成15年4月から定年帰農者になりました。

20年ほど前、山に自生していた山ウド2株を畑の片隅に植え、春先に波トタンなどで囲い、モミガラを入れ、軟化ウドにして楽しんでいました。年ごとに株も大きくなったので、平成18年頃、株分けして株間１ｍで15株定植しました。その後も株分けを続け、現在では25株ほどあります。

塩ビパイプで収穫時期が一目でわかる

露地でたくさん軟化ウドをつくるには、二十数ｍにわたって囲いを作り、モミガラを入れる作業が必要で、とても容易ではありません。簡便な方法はないものかと思案した結果が塩ビパイプの活用でした。

たまたま家に径50㎜の排水用塩ビパイプが数本あったので、一定の長さにカットし、キャップ（ポリポット）をつけて活用することにしました。これがとても具合がいい。収穫適期が判断でき、出荷数量なども確認できる。また長さも一定なので、収穫したウドの袋詰めも簡単です。今では約１５０本あります。

４月中～下旬にかけての収穫を楽しみながら、３００ｇ（２～３本）ずつ袋に入れて、ＪＡの直売所で販売しています。

塩ビパイプを設置した様子。倒れないように鉄パイプで固定。新芽が5㎝程度伸びたら、塩ビパイプをかぶせ、隙間防止にモミガラをひと掴みほど入れる。3週間くらいしてウドが上まで伸びると、先端のポリポットがはずれる

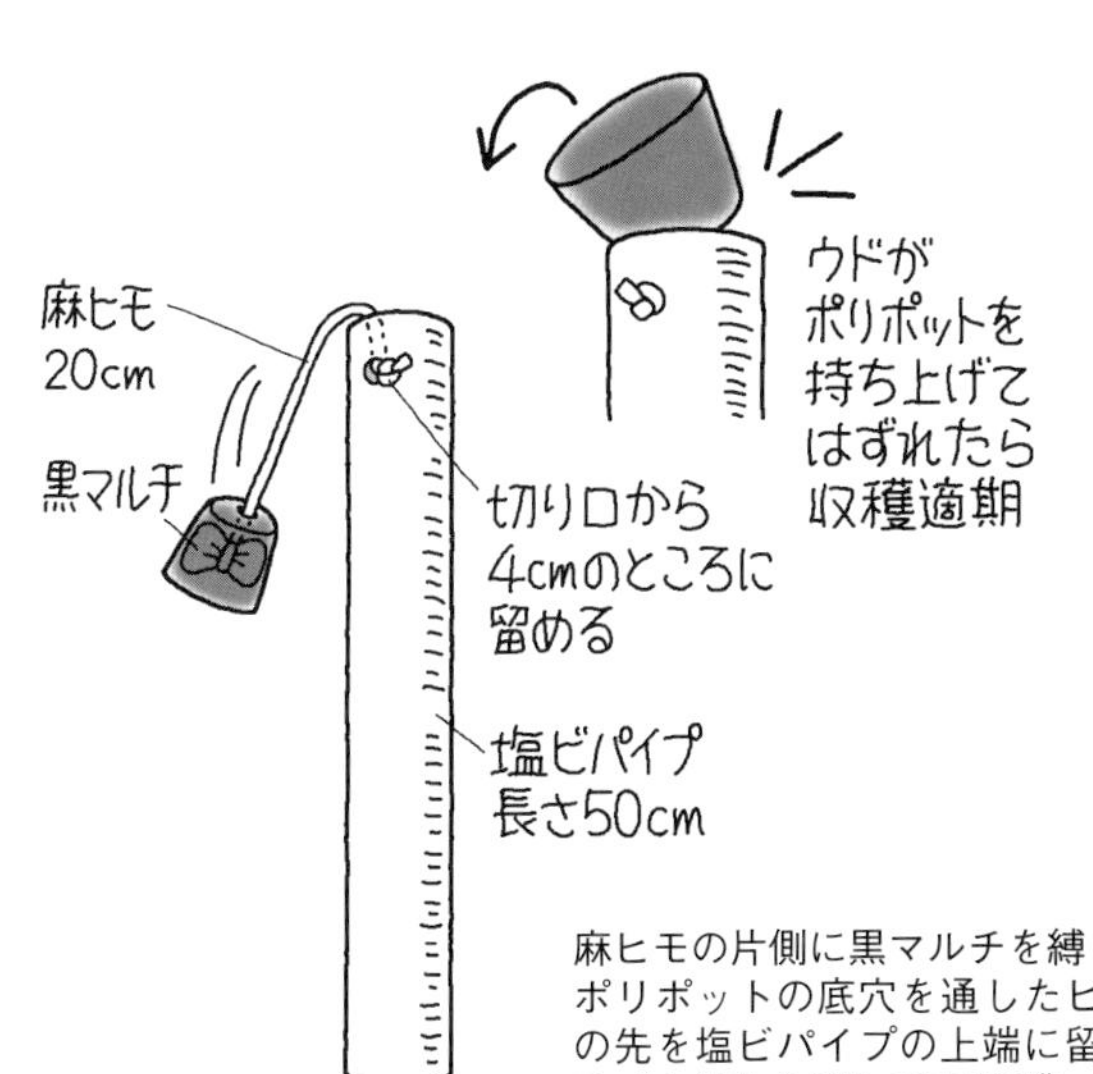

麻ヒモの片側に黒マルチを縛り、ポリポットの底穴を通したヒモの先を塩ビパイプの上端に留める（内側から通して玉結び）。黒マルチには、ポリポットの穴から光が入るのを防ぐ効果もある

塩ビパイプで水位自在の露地プール育苗

千葉県東金市●佐瀬仙治郎さん

佐瀬仙治郎さん。毎年8000箱以上を育苗し50町を作付け。2.5～3葉の稚苗で丈12cm前後の苗が目標（写真提供　関口米店）

ウネで囲った育苗専用プール

「2010年ほど、今までの育苗法に助けられた年はない」

佐瀬仙治郎さんが父親から受け継いだ「露地半プール育苗」。育苗専用の2反歩の畑に140㎝の間をあけてウネを何本か立て、底面に並んでいる塩ビの水道管パイプ（塩ビパイプ）の上に苗箱を置いていく。2本のウネのあいだに水を流し込むと水がたまり、プール育苗のようになる仕組みだ。

立てっぱなしのウネがあるので仕切りを作り直さなくて済むし、床面には水道管パイプがもう10年以上置きっぱなし。苗箱の底にビニールを敷く必要はないので「半」プール育苗なのだそうだ。「毎年、床を平らにしたり、ビニールを敷いたりする作業がないからラク」と佐瀬さんは感じている。

この育苗法はもともと強い風をウネで防ぎながら、丈夫な苗を露地でつくるためのアイデアだった。

「苗代だとどうしても風が当たったところだけ生育ムラができるので、ほとんどの農家がハウス育苗。ハウスでガッチリ苗をつくるなら、暖かい千葉で

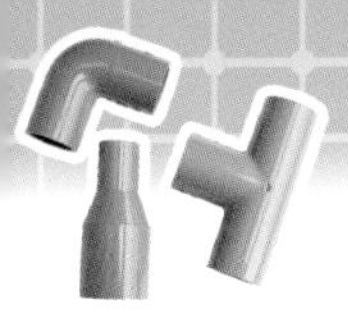

佐瀬さんの露地「半プール育苗」

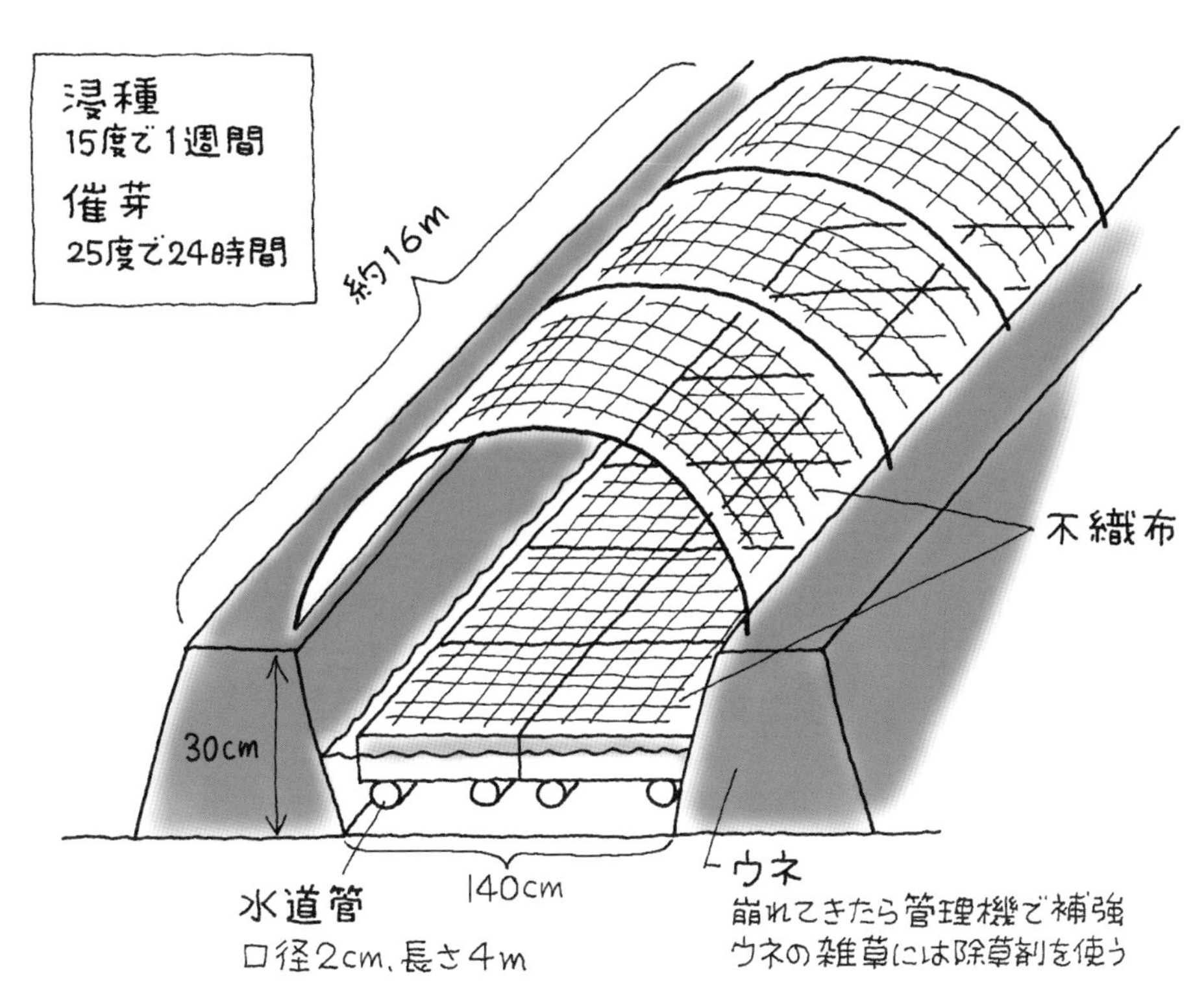

昨年は合計で1万箱を育苗。催芽したモミを4日間屋内で積み重ねて発芽させた後、プールに運んで入水。普段は3日に1回ほど、苗箱のヘリまで早朝に水を入れる。ポンプで井戸水を引き上げて、いっせいに水を張れるような仕組みになっている。
苗箱の下の隙間のおかげで田植え時の根切りは不要

は何回もサイドを開け閉めしないといけないけど、露地なら簡単にできる」

10㎝以上の苗を水没させて寒さから守った

ところが、そんな温暖な千葉県にも2010年は3～4月にかけて低温が襲った。ハウス育苗でも低温で苗立枯れ病が多発し、タネを播きなおす人がいたようだ。長年、露地で問題なくガッチリ苗をつくってきた佐瀬さんも、昨年の気温にはさすがにヒヤッとした。

そこで、いつもは日中に苗箱のヘリまで水を張るのを、昨年は遅霜の予報が出ると前日の夜にプールに入水。水温15度の井戸水に完全に水没させて苗を保温した。田植え頃の4月中旬までこんなことが続いたが、30㎝の高いウネのおかげで、10㎝以上の2葉期の苗でも無理なく水没。おかげで、苗立枯れ病もほとんど出さずに寒い春を切り抜けられたというわけだ。

昨年の冷春でますます露地半プール育苗に自信を深めた佐瀬さんだ。

冬の遊び仕事

魚野川のカジカ漁

新潟県南魚沼市●編集部

カジカ漁で使う道具。自作した半月網、スコップはかわりに鉄筋やツルハシを愛用する人も。カンジキも必携

カジカ漁を行なう田中秀定さん。魚野川のカジカ漁は漁協組合員のみ許されている（取材当時）（写真はすべてかくまつとむ）

カジカとしては型のよい15cmサイズ（掲載時の記事より）。「裸押合い祭り」が終わるころからそろそろ卵を持ち始める。産卵期は禁漁となる

冬の魚野川で行なわれるカジカ漁。経済的には「頼りにならず」、成果や収穫は「あてにはならず」、作業としては「けっこうきつい」が、いったんその楽しさにハマると「なかなかやめられない」、「遊び」と「生業」の中間的な「遊び仕事」のひとつだ。

カジカは底石の多い冷たい流れに生息する淡水魚で、昼は石の下に隠れている。このカジカをスコップで石を動かしながら半月網に追い立てる。この漁で欠かせない半月網を田中秀定さんは塩ビパイプで自作した。

とれたカジカは生きたまま串を打って囲炉裏で時間をかけて焼く。胸びれに塩をつけたカジカがキツネ色になったらガラスコップに入れ、熱燗を注ぐ。山吹色にカジカのうまみが溶け出した「カジカ酒」、冬の遊び仕事の一杯だ。

第2章 頑丈足場パイプで働きやすく

播種・定植・栽培に

足場パイプの上を走る苗箱トロッコ

群馬県前橋市●中里敏則

筆者（62歳）。アスパラがメインだが、春先は水稲苗2300枚を受託育苗する（写真はすべて依田賢吾撮影）

苗代の往復は重労働

2018年にJA前橋市の職員から「育苗を遠くに依頼していて、運搬に時間がかかる。地域内で苗をつくれないだろうか」と相談され、アスパラ農家の私が、露地苗代でイネの育苗に取り組むことになった。

1年目の搬入作業では、職員と共に、育苗器で出芽させた重い苗箱を、ひたすら両手で運んで並べていった。搬出作業では、屈んで苗を持ち上げて、両手で1枚ずつ持ちながら、苗代を何回も行ったり来たり。足元はぬかるんでいて自由に歩けず、とても重労働だった。

何とか改善策を見つけたい。そう思い、前橋市の先輩圃場を見学したところ、手作りのトロッコで運んでいた。今回紹介するトロッコは、このときのものを大いに参考にして作製した。

前後の縄を引いて運ぶ。播種後の箱で75枚、硬化苗なら15～20枚を一気に運ぶことができる

レール

市販のゴム付きの車輪からゴムを外して鉄車輪とし、単管パイプの上を走らせる。レールの溝の中をゴムタイヤで走る仕組み（見学した先輩のトロッコはこれ）と比べ、ずっと抵抗が少ない

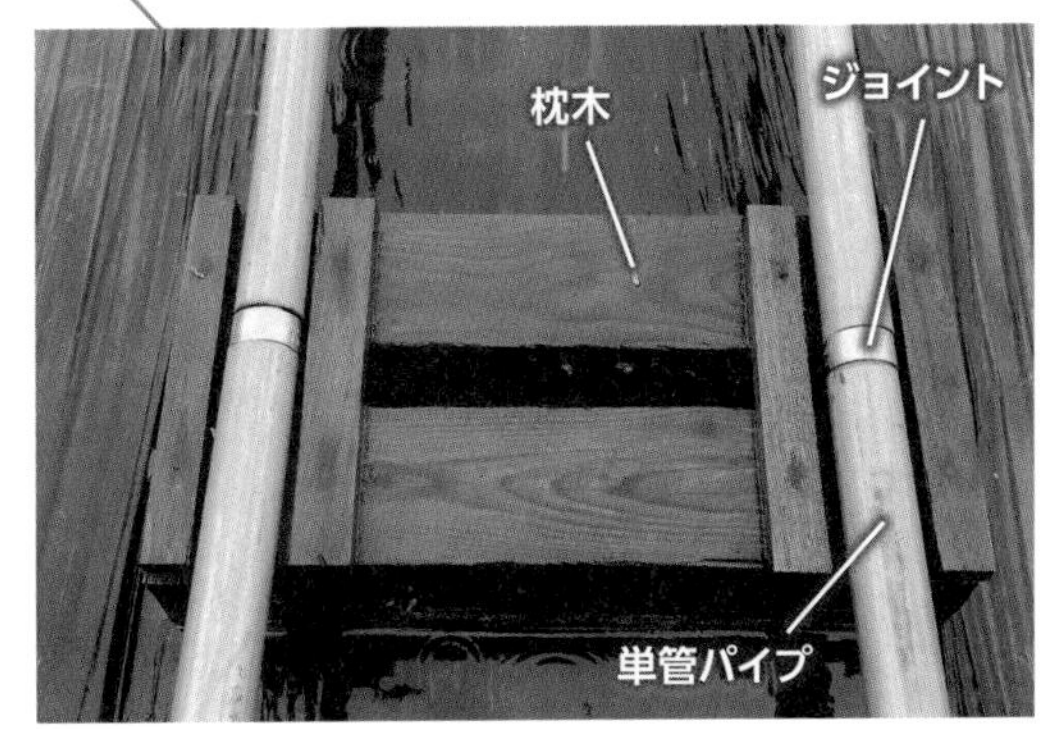

枕木

レールのジョイント部分。レール間隔を保つため、枕木を下に敷いて接続している

材料・コスト

●トロッコ
（苗箱５枚幅、サイズ60㎝×150㎝）
木材、ベニヤ　家にある材を使用。購入すると約3000円
鉄車輪（直径約12㎝）
4輪で6220円
ボルト&ナット　16個で400円

●レール（30m）
単管パイプ（足場パイプ）（48.6㎜）
ハウス用のものを共用。購入すると3mパイプ20本で3万660円
ジョイント（C型ポンジョイント）
18個で5004円
枕木　木製パレット廃品を加工

合計 約4万5000円（単管、木材を除くと1万1624円）

レール材料の運搬にもトロッコを活用

露地苗代からの硬化苗の搬出。連携しての受け渡し作業のため、身体の負担も減り、活気も出る

車輪の回転抵抗が小さい

私はアスパラガスをハウスで育てているので、手元にはハウス補強用の単管パイプ（足場パイプ）がたくさんあった。この単管をレールに利用。トロッコにはゴムを外した鉄車輪を使うことで、鉄道と同じ仕組みにした。これなら回転時の抵抗が極めて小さくなり、わずかな力でも移動できる。材料はどれも手軽に手に入り、低コストで、1人で持ち運べる。しかもレールはその場で簡単に設置・延長・解体でき、鉄道模型並みの自由度がある。

それまでは1人ひとりが苗を持って、運んで、並べていた作業が、トロッコにより「手渡し」に変わった。腰の動きも少なくなるし、協働作業になったことで、ラクに楽しく仕事ができる。

トロッコは改良を重ね、あらゆる農家におすすめしたい道具となった。苗の管理だけではなく、不整地内で重量物を移動する際など、いろいろな場面で利用してほしい。

折衷稲作の作業ラクラク
「苗代ブリッジ」

山形県飯豊町●菊地友男

7万程度で「苗代ブリッジ」を作った

わが家は兼業農家であり、日程や天気によっては1人で作業しなければなりません。とくにタネ播きから始まる作業には腰に負担をかけるものが多く、サラシを巻いたりコルセットをしないと、苗床に並べる頃にはグロッキーということもあります。そこで、作業の回数や負担を減らすのに、苗代を縦横に移動できる作業用の橋「苗代ブリッジ」を作ってみました。

材料は単管パイプが主です。全長は苗代（12m×40m）の短辺よりも少し長い14m。両端に一輪車のタイヤを各

4本付けました。これが、苗代をまたいで移動する大きな橋になるわけです。

もちろん、これだけでは苗箱は運べません。その橋の上では苗箱を載せた台車も移動するようにしたい。あるものでやる、金はかけないのポリシーで、パイプをそのままレールにしてゴムタイヤを付けた台車を走らせるアイデアをひねり出しました。ただ、ゴムタイヤをパイプに載せるだけでは落ちてしまうので、小型のキャスターを補助輪として使って安定を図りました。

重い苗箱を持って苗代を歩かずにすむ

いろいろな育苗法がありますが、作業者が1人のわが家のような場合は、育苗は水に任せるのが一番と思っています。ただ、一般の折衷苗代では、作業道より苗箱を数枚ずつ手持ちで運んで小分け、数歩移動して定置の繰り返し。足元もドロ状態だから大変です。苗代ブリッジなら、苗箱を台車に載せて移動させながら苗床に並べられます。手持ち歩行の負担がなく、台車には一度に最高18枚（6列で3段重ね）の苗箱を載せられるので作業回数も減り、腰痛の軽減にもなりました。

苗箱の上げ下ろしだけでなく、ポリ張り等にも利用でき、応用範囲は広いと思われます。関連する作業具も作ってみようと思ってますので、アイデアありましたらよろしくお願いします。

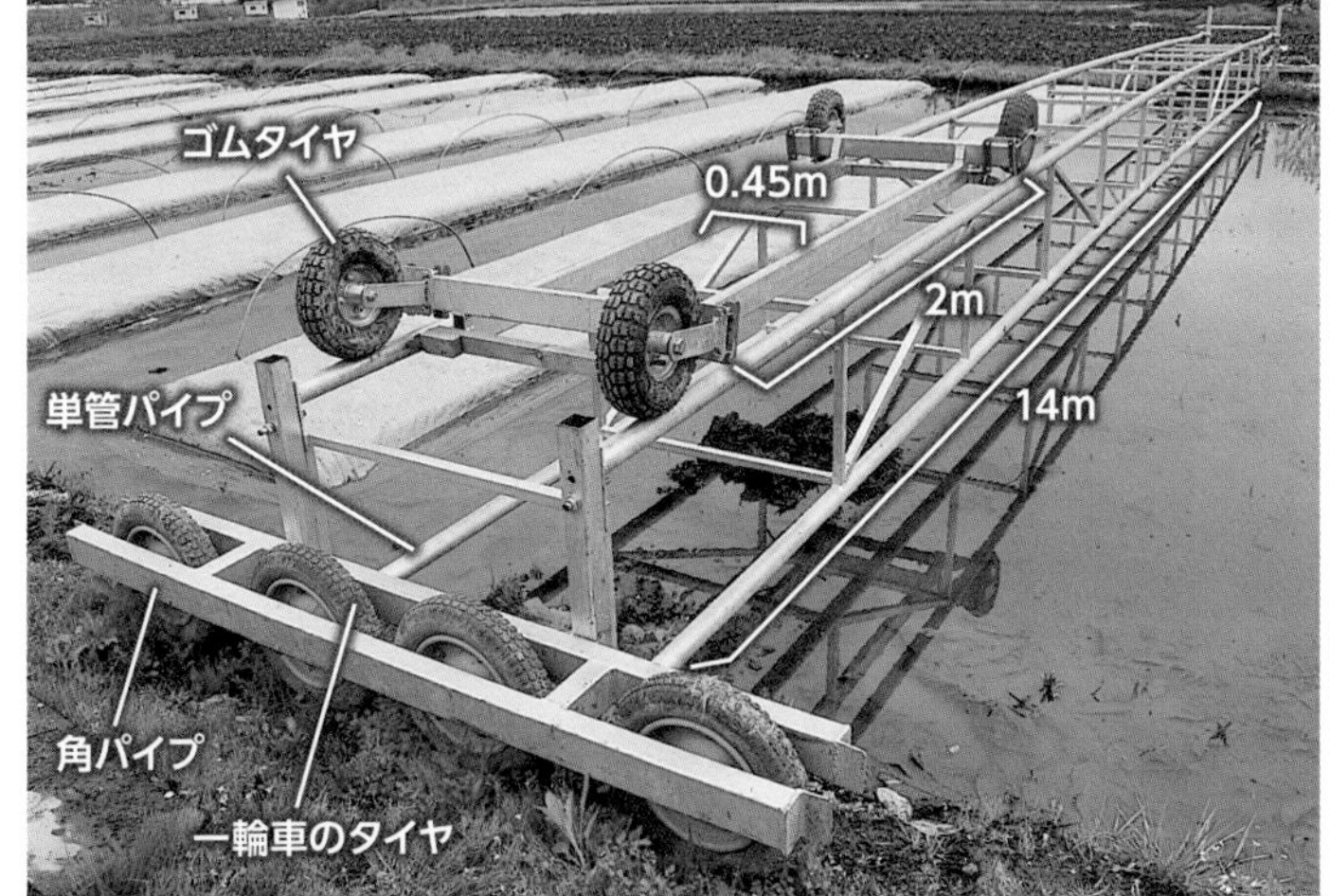

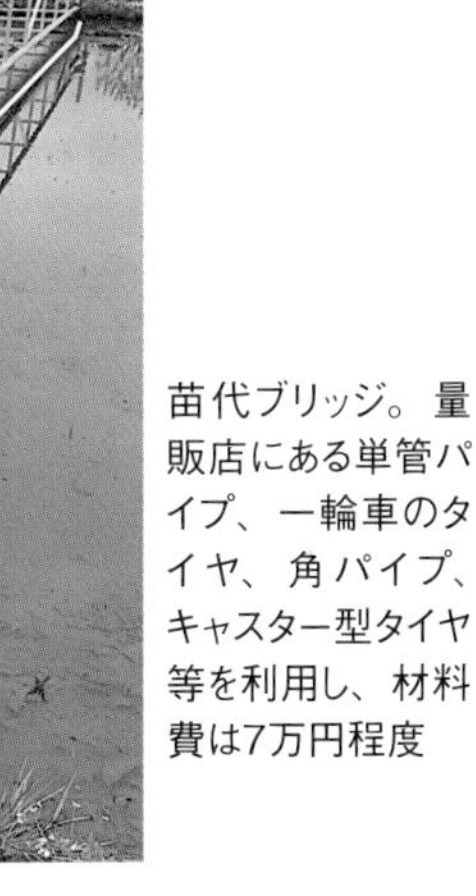
苗代ブリッジ。量販店にある単管パイプ、一輪車のタイヤ、角パイプ、キャスター型タイヤ等を利用し、材料費は7万円程度

台車が落ちないように、小型のキャスター（矢印）の補助輪も付けて安定化

苗代ブリッジで作業する筆者。ブリッジの台車には苗箱を6列分載せられる。筆者の場合、播種後は3段重ねで18枚、苗を移動させるときは2段重ねで12枚を同時に積む

回転して均一に乾燥できる杭掛け

岐阜県富加町●吉田正生

ワラは横パイプの上に積み重ねる。杭1本で50～60束（約1a分）掛けられる。昨年は1haの田んぼのうち20aのイネをこの方法で乾燥した

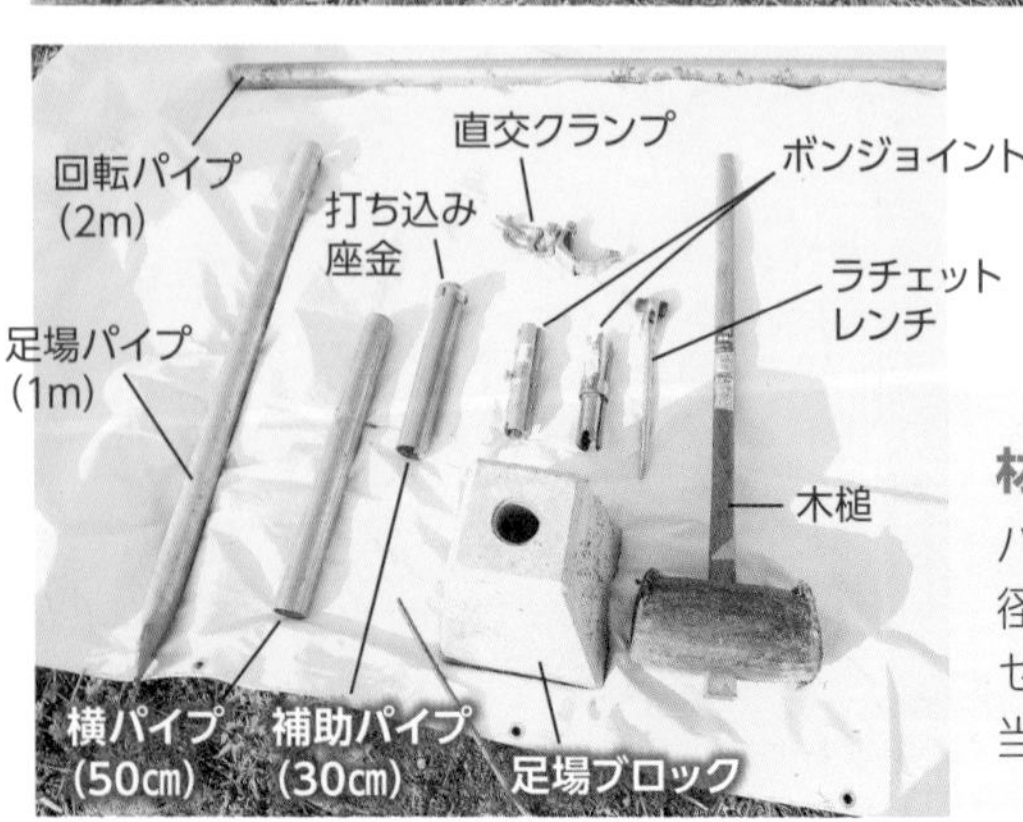

材料と補助具

パイプはすべて単管（48.6㎜径）。材料、補助具ともホームセンターで購入できる。杭1本当たりの材料費は2500円程度

自然乾燥は機械乾燥よりもじっくり乾燥できるメリットがありますが、時間もかかるし、日の当たり方次第では乾燥ムラが出る。台や杭の設置も大変です。そこで私は2年前、設置が簡単で、日照条件に合わせて回転できる杭掛けを考案しました。

杭1本に、ワラを50～60束（1a分）掛けることができます。この杭の完成に要する時間は5分くらいで、10本設置しても1時間。機材の運搬も軽トラでラクラクです。ワラ掛けや脱穀の作業、日照条件、風の通り方などを考え、圃場に合わせて配置してください。

天気や乾燥ムラなどに応じて向きを変えれば、乾燥効率が上がり、短い時間で全体が均一に仕上がります。乾燥後には、そのままハーベスタやコンバインを使って脱穀可能。均一に乾燥した自然乾燥米の味わいには、誰しも納得できるはずです。

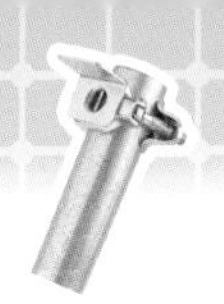

杭の設置方法

❶ 足場パイプの打ち込み

ブロックで足場パイプを支える。足場パイプを直接叩くと打ち込み部が変形するため、ボンジョイントで座金付きの補助パイプをつなぎ、木槌で深さ30～40㎝打ち込む

❷ 回転パイプの取り付け

ブロックと補助パイプを抜いて、２ｍの回転パイプをボンジョイントでつなぐ。ジョイントは緩めに締め、完全には固定しない

❸ 横パイプの取り付け

横パイプを直交クランプで回転パイプに固定したら完成

イネを掛けた後、横パイプを動かせば、回転パイプがイネごとくるくる回る

完成！

置きっぱなし
トマトの誘引用やぐら

大阪府箕面市●梁守壮太さん

トマトをつくる梁守さんのハウスには、足場パイプで作った大きなやぐらが設置されている。このやぐらにヒモを結び、トマトを誘引しているのだ。「毎年、支柱を立てたり片づけたりするのが面倒だったから」と、15年前に作ったそうだ。

やぐらのおかげで毎年の支柱立てと後片付けをいっさいやらずにすむようになった。やることといえば、誘引ヒモを掛けるだけ。1本数秒でくれるので、ものすごくラクになった。

ハウス1棟分の足場パイプの値段はわずか4万円。安くて長く使える、梁守さんの自信作だ。

間口7.4m、奥行30mのハウスの中央に、幅3.8m、高さ3m弱のやぐらを組んだ。トラクタが入れるように両端はロータリの幅（1.3m）より広い1.8mとってある

左側の土台に足場パイプを挿し込み土中に埋めて固定

足場パイプのやぐらに誘引ヒモを引っ掛けている梁守壮太さん

鉢をたくさん置ける **スライド式ベンチ**

千葉県佐倉市●齋藤　和（かのう）さん

元コチョウラン農家で、アイデア農機具作りの名人でもある齋藤和さん。コチョウランづくりをしていたときの足場パイプのアイデアを教えてくれた。

それが写真のベンチ。コチョウランを載せる菱形金網の台が左右にスライドする。２本の長い足場パイプが転がることで台が移動する簡単な仕組みだ。

これのいいところは、通路のために空けておくスペースが少なくてすむこと。２００坪の大きなハウスに何列もベンチが並んでいるのだが、通りたい時だけ台と台の間を広げればいいので、鉢を置く台の面積を増やすことができる。この方式に変えたことで、それまでより２割余計に鉢を置けるようになった。

花の経費が高すぎて悩んでいたときにひらめいたのだそうだ。

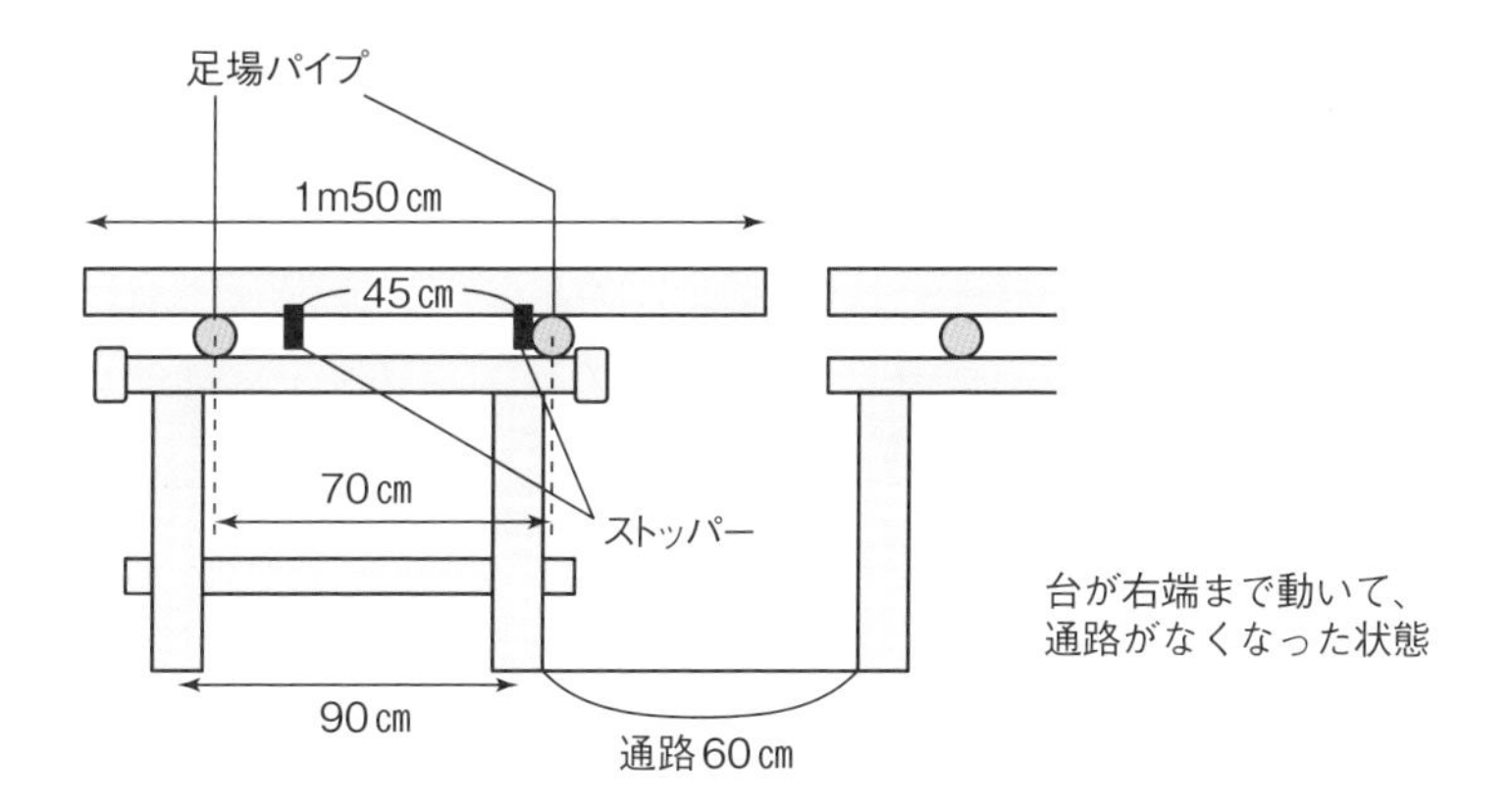

台が右端まで動いて、通路がなくなった状態

齋藤和さん（倉持正実撮影、左も）

通路を通れる状態。矢印の範囲を台がスライドする

11月中旬でもまだ青々とした南津海と内藤保夫さん。南津海35aを含むカンキツ2haを栽培

足場パイプでネットハウス

福岡県宗像市●内藤保夫さん

「宮崎や愛媛の日射量を100とすると、うちのあたりは半分程度。温州ミカンだけじゃ、とても勝負にならん。力を入れているのが、中晩柑の『南津海』です」と語る内藤保夫さん、82歳。18歳で就農して以来60年以上、いまも現役バリバリで作業する筋金入りのカンキツ農家である。

4㎜目合いのネットハウスですべて解決!?

そんな内藤さん、鳥害防止の目的で建てたネットハウスの中では、タネが入ってしまうなどの南津海の問題点がどれも解決できることがわかったのだ。

ネットで囲えば、鳥害はもちろん、シカやイノシシの侵入も防げる。4㎜目合いのネットにすれば風がかなり弱まるので、かいよう病にも強くなる。さらに南津海は自家不和合性なので、ハチなどの訪花昆虫が入ってこなくなることで、タネができなくなったのだ。

「試しに30個くらい実をズラーッと並べて、全部切ってみよったとですよ。そしたら、タネが入っていたのは1個だけ。100%とはいいよらんが、90%以上はタネなしになります」

単為結果性があるので、タネがなく

足場パイプで作った簡易ネットハウス。とくに風が強い園は、側面だけ農ポリで囲った

ても実の大きさには変わりがなく、味や収量にもいっさい影響なし。害虫が入ってこなくなる分、防除回数は3分の1まで減らせた。おまけに「肌はお姫様のようにキレイになる。露地とは全然違う」。品質がいいうえに減農薬でタネなしということで有利に販売でき、露地ものの約2倍ほどの価格で売れる。「一石五鳥くらいあったとですたい」

自作の簡易ネットハウスで40〜50年はもつ

ただし、ネットハウスとはいえ新たに建設するには経費がかかる。面積拡大のため補助金を申請しようとしても、「過剰設備」と指摘されて通らなかったりした。

そこで内藤さん、ホームセンターや建材業者を回って材料を集め、足場パイプで平張りの簡易ネットハウスを自作。８ａの園で一般的なアーチ型のハウスだと業者に頼むと４２０万円かかるところ、約３００万円で作ってしまった。「これなら5年で元がとれる」と目論んでいる。

経費は安くても、つくりは頑丈だ。パイプはサビに強い亜鉛メッキのドブ浸けで、30㎝の積雪にも耐えられるよう48・6㎜の太さを使用。接合部のクランプには農ポリのカバーを被せてサビ防止……と細部にまでこだわった。「これなら40〜50年はもつ」という自信作だ。

低日射量にも負けず品種の多様性で生き残る

内藤さんの眼差しは、福岡北部のカンキツ産地の栄枯盛衰をつぶさに見てきた。かつてはネーブル産地として栄え、宗像にカンキツ部会員は４００人いた。それがオレンジの自由化に始まる安値で次々離れ、いまや30〜40人まで減って、なかでも「カンキツ専業はうちだけ」という。内藤家が生き残ってこれたのは、日射量が少ない産地の悪条件に負けず、さまざまな品種をつくりこなすことに挑み続けてきたからだ。

現在、内藤さんは極早生の「早味（はやみ）かん」に始まり、中晩柑の「はるみ」や「せとか」など13種類のカンキツを栽培。なかでも力を入れているのが、極晩生の「南津海」である。

パイプはすべて亜鉛メッキのドブ浸けで太さ48.6mm。天井は2×2mの格子状にパイプを組み、50cm間隔で番線を張った頑丈なつくり。4mm目合いのネットなら遮光率は18%程度なので日射量の少ない内藤さんの園でも問題ない。2mm目合いだと遮光率が高すぎて実のつきが悪く、熟しにくくなるという

クランプを剥き出しにするとすぐにサビてしまい、ネットもひっかかって破れやすい

接合部のクランプは農ポリでカバーしてサビ予防。ネットもひっかかりにくい

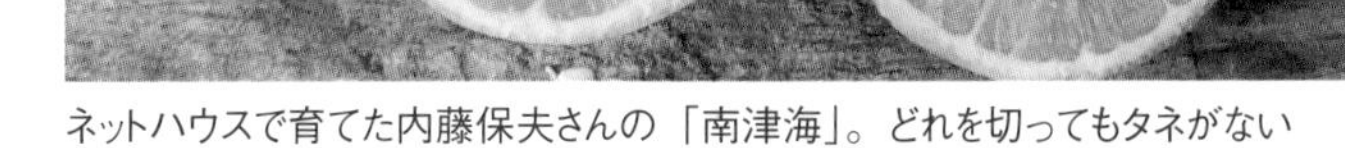
ネットハウスで育てた内藤保夫さんの「南津海」。どれを切ってもタネがない

5月収穫に驚いて導入 つくりやすくて味もいい

南津海の魅力は、なんといってもほかのカンキツが完全になくなる時期まで収穫できること。14〜15年前、育成者の山本弘三さんが5月の連休中に収穫している姿をたまたまテレビで見て驚き、「こりゃいいな」とさっそく山口県の周防大島まで訪問。穂木をいただいてつくり始めた。

つくってみると、栽培も比較的簡単だった。中晩柑にありがちな隔年結果性が少なく、葉50枚に対して1果の割合になるようにせん定・摘果すれば、毎年反収5ｔはとれる。

さらに果皮がむきやすくてじょうのう膜も薄いので食べやすく、何より味がいい。収穫適期さえ見極められれば、酸は切れ、糖度14〜15の濃厚な甘みが口いっぱいに広がる。「食べてなんぼ、味本位」のカンキツづくりを心がけてきた内藤さんの好みにもピッタリあった。

鳥獣害、かいよう病 タネ入りが弱点

ただし、問題がいくつかあった。ひとつは鳥獣害。なにせほかのカンキツがいっさいなくなる時期に赤々とした実がつくため、ヒヨドリの集中攻撃を受け、シカやイノシシにも狙われる。

またかいよう病に弱いのも難点。エカキムシが入ったり、大風にさらされて傷ができたりすると、感染がすぐに広がってしまう。

さらに悩ましいのは、タネが入りやすいことだった。「これからのカンキツは、タネなしにせんと売れん」と語る内藤さん。話は少し逸れるが、以前、内藤さんは地域の学校給食に薩州ポンカンを納入していた。ところが数年前、「タネがあって子供が食べない」と先生にいわれ、価格は高くても全量タネなしのせとかを代わりに出すことになった。以来、ますますその思いを強くしたという。しかし南津海には、ほぼ漏れなくタネが入ってしまっていたのだ。

御歳82になる内藤さんが、ネットハウスを建て、高品質のタネなし南津海をつくるには訳がある。3年前にお孫さんが就農、念願の後継者となったのだ。

「これからのカンキツ農家は、常に2〜3種類の詰め合わせで売れるような品種を揃えておかんと、変わってきた日本人の感覚についていけんようになると思うんですわ。孫の代には、施設でなきゃ成り立たんようにもなってくるかもしれない。そのために、今がんばっておかんといかんと思うとるわけですたい」

（写真・取材　依田賢吾）

逆U字支柱とパイプで作る「超簡易ネットハウス」

奈良県葛城市●田仲清高さん

1.3haでキクをつくる田仲清高さん。これから防虫ネットを張って「超簡易ネットハウス」にする圃場にて。設置は春から秋。冬は雪が降るので取り外す

奈良の露地ギク産地で、近年大問題になっているオオタバコガ。この被害を食い止めるために奈良県農業総合センターが開発した「超簡易ネットハウス」が県下で急速に広まっている模様。直管パイプを使うことで、低コストで、農家が自分で設置できるところがいいらしい。

キクづくり40年のベテランで、いち早くこのネットハウスを導入した田仲清高さん（62歳）の圃場に伺った。

週1回の防除でも追いつかない

田仲さんもやはり、オオタバコガにはかなり悩まされてきた。

「この虫は、1週間に1回消毒してても追いつきませんのや。最初は1割2割の減収で済んどったんですけど、ひどくなってきたら品種によっては半分くらいダメになってしもうて…。もう、どないしようかって感じでした」

被害が大きくなるのは8月の盆過ぎから10月いっぱいまで。2通りのやられ方がある。

蕾の中に入る

ひとつは「蕾が膨らんできて、ええ感じになった」ときにやられるパターン。小さな幼虫が蕾の中に潜り込み、出荷後にお客さんの家で花が咲く頃にバクバク食べ始める。幼虫は1輪に1匹ずつ入り、花を全部食べ尽くす。それで、お客さんからクレームがくる。

出荷する時は、花がひらく前なので、農協の検査員でも幼虫の侵入を見つけるのは至難の技なのだ。

生長点だけを食べる

もうひとつは、伸び盛りのキクが生長点だけを食べられるパターン。本当は、その株だけを食べてくれればいいのだが、幼虫はひとつの株の生長点を食べ終えると、隣の株に移って、また生長点だけを食べ、また隣に移って生長点だけを食べる。その本数は1匹で20本くらい。生長点をなくしたキクは伸びないので商品にならなくなる。

オオタバコガの雌成虫は卵を200個ほど産む。そんな幼虫が200匹も

いたら……恐ろしい。

クスリで抑えられない理由

田仲さんが、オオタバコガの被害を深刻に思うようになったのは15年ほど前からだ。以前のようにクスリが効かなくなったのは、温暖化や薬剤抵抗性などの影響があるかもしれないが、そもそもキクで被害が拡大するのは、こんな事情もある。

オオタバコガが猛威をふるう8月は、キク農家にとっては一番の稼ぎ時。値段がいい盆出荷に合わせて面積を増やすので、一番忙しい時期でもある。防除に手が回らなくなり、散布間隔が少しでも延びると一気にやられてしまう。

また、1週間に1回しっかり防除をしていても「追いつかない」のは、キクの生長の仕方にも関係があるようだ。夏場のキクは生育が早く、品種によっては1日に1cmくらい伸びる。クスリをかけても翌日には新芽が伸びてきて、クスリのかかっていないその新芽に入られればアウトになるからだ。

奈良県葛城市の名産である二輪ギク

キクの蕾に入って花を食害するオオタバコガ（新井眞一撮影）

ネットハウスで被害ゼロ！

田仲さんが「もうクスリでは対処できん」と思っていたときに、舞い込んできた話がネットハウスだった。県の指導所から「パイプハウスの支柱にネットを被せる試験をしてほしい」と依頼され、4mm目合いの防虫ネットを支柱に被せて試験した。すると、その圃場はオオタバコガの被害がウソみたいに出なかった。防虫ネットの効果をまざまざと感じた出来事だった。

ただ、ここは露地ギク産地。田仲さんはハウスもあるが、水稲との輪作で田んぼにつくる露地の面積のほうが大きい。ここでもネットが張れないか……。県のほうでも、田仲さんのような思いを持つ農家と一緒になり、簡単にネットが張れる方法を考えた。そうして試作を重ね、6年前についに完成したのが「超簡易ネットハウス」だ。

10a当たり約29万円

大まかな構造は、畑の周囲に逆U字型のキュウリ支柱を立て、上部にエスター線（樹脂線）を張り、その上に4mm目合いの防虫ネットを被せるというもの。

経費は10a当たり約29万円。耐久性のある本格的なネットハウスは300万円かかるので、それに比べると10分の1で済む。

「見たら簡単すぎるくらいの構造やから、最初はすぐつぶれるんちゃうかと思いましたけど、案外しぶといんですわ」

10aの畑に設置する時間は、慣れれば2人で1日でできるという。田仲さんは、キクの連作障害を避けるために

超簡易ネットハウス

立体図

畑の周囲５ｍおきに逆Ｕ字型支柱を立て、上部をエスター線で結ぶ。その上に防虫ネットを被せる。畑の周囲には直管パイプを這わせて螺旋杭で固定。ここにパッカーで防虫ネットを留める

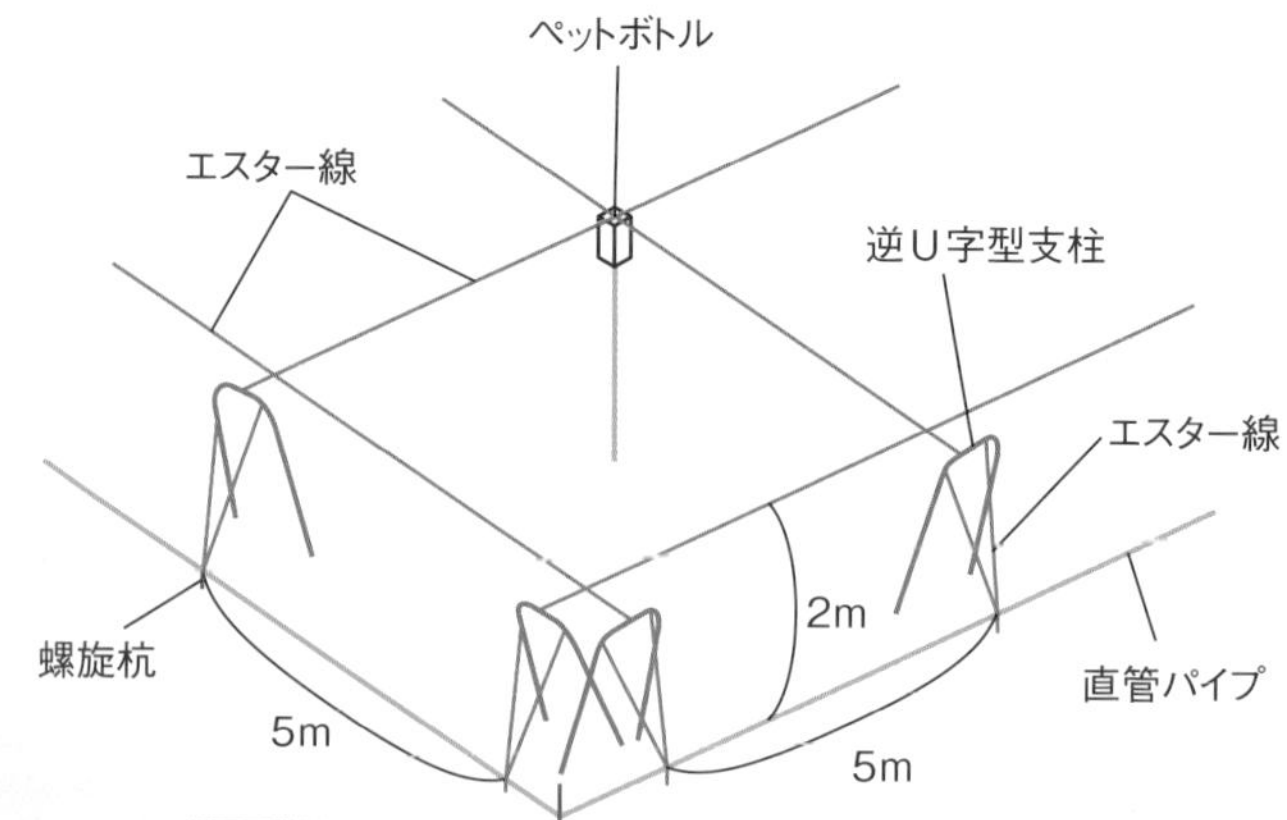

「超簡易ネットハウス」の内部。支柱の上には底部を十字に切ったペットボトルをはめて、エスター線を固定

「超簡易ネットハウス」の資材費（10 a当たり）

資材名	数量	単価	耐用年数
逆Ｕ字型支柱（7分）	38組	6万800円	10年
直管パイプ（6分）	26本	1万9760円	10年
螺旋杭	72個	2万160円	10年
カナメックス（パイプ固定金具）	8個	576円	10年
樹脂線（エスター線）	807 m	4939円	3年
パッカー	94個	4700円	5年
防虫ネット（4㎜目合い）	1456㎡	15万5792円	5年
ビニールテープ	1本	100円	1年
消費税		2万1246円	
合計		28万8073円	

※直管パイプの６分とは、直径およそ19㎜

田仲清高さんが露地ギク畑に設置した「超簡易ネットハウス」

毎年圃場を替えている。どこでも気軽に設置できるという点でも、このネットハウスが気に入っている。今は６反の露地ギクのほとんどに、このネットハウスを導入している。

防除回数は減らないが…

オオタバコガの被害は完全に抑えられるようになった。たいへんな成果だ。ただ、田仲さんのクスリの散布回数は、今のところ以前と同じ「１週間に１回」。ネットの目合いが４㎜なので、アブラムシやアザミウマなどの小さな虫は抑えきれないと思うからだ。

しかし地域では最近、このネットハウスを導入してクスリの散布回数を３分の２に減らせたという人も出てきた。なぜか土着のカブリダニが居着くようになり、ダニ剤を使わずに済んだという人もいる。田仲さんもクスリを減らせるかもしれないと思い始めているところだ。

遮光効果で品質アップ

思いがけない効果もあった。

「ネットを被せることでキクがしなやかになったんですわ。虫だけを抑えることしか頭になかったけど、品質がいいということで、市場評価も上がった。ネット被せてるといったら指名買いもしてくれる。１本50円くらいの単価が10円アップ。10円といったら、経営的にもごっつい違いますやろう」

ここは盆地特有の暑さで夏は気温が高い。そして強烈な日射しを受けると、キクは「ゴツゴツしてバリバリした感じ」になる。しかし、ネットを被せると、遮光効果でしなやかな美しい姿になるそうだ。

台風が来たときはネットを外す

今のところ「唯一の欠点は台風に弱いこと」。強風に遭うとネットが破けてしまうので、台風のときはすぐにネットを外さないといけない。これが忙しい時期だと、けっこう大変なのだ。だが、「それ以外は、いうことなし！」と田仲さん。10ａ約29万円の設置コストなら、１年で元がとれるし、品質がよくなって売上アップにもつながる。「これからはこれを使わんといいキクがつくれんと思う」

県下の露地ギクでは今、このネットハウスが12haまで広がっている。

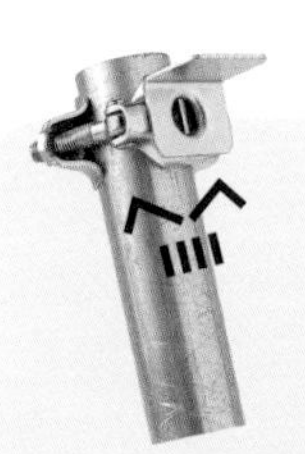

足場パイプとハンマーの杭打ち器

宮城県丸森町●舩山 太さん

定年退職し、キクの電照栽培に取り組み始めて２年目になる丸森町の舩山太さん。今年は栽培面積を２反増やして６反で取り組む予定です。面積を広げるとなると、キクを支えるフラワーネットを固定する支柱を新たに打ち込まなければなりません。去年は左手で支柱を支え、右手に持ったハンマーで打ち込んだそうですが、これが腕に負担でたまりませんでした。

しかし今年は、先輩農家から教えてもらった足場パイプハンマーがあります。長さ60㎝、直径48.６㎜の足場パイプの中に、柄を外したハンマーをはめ込んで溶接したものです。

これを支柱に被せて何度か落とすだけで、支柱がラクに打ち込めます。同じようなものは市販品でもあるそうですが、それよりもはるかに安くすみました。

小型トラクタで引ける ジャガイモ掘り機

千葉県市原市●齋藤　尊さん

ジャガイモ掘り機を付けたトラクタと齋藤尊さん

足場パイプで組み立てた

千葉県市原市の齋藤尊（たかし）さん（75歳）は昨年ジャガイモ掘り機を自作した。50ａの畑で野菜やギンナンを少量多品目栽培している齋藤さんは、昨年初頭に体調を崩したこともあって、梅雨時のジャガイモの収穫は手作業では体力的につらいなと感じていた。イモ掘り機があればと考えたが、齋藤さんのトラクタは15馬力と小さいので市販の作業機を取り付けるには無理がある。かといってトラクタを買い換えるとなると作業機も含めて５００万円もする。そこで今あるトラクタに付ける作業機を自作しようと考えた。

部品は全部ホームセンターで手に入るものばかり。足場パイプ（単管パイプ）６本（１００㎝×４本・63㎝×２本）と、足場パイプと同じ太さで先の尖った杭３本（１１０㎝）、それに接続用のクランプのみ。すべて規格品なので加工する必要はない。クランプで接続して組み立て、ロータリに固定するだけ。材料費は１万円とのこと。

この作業機のおかげで、それまで10ａ分のジャガイモの収穫に２日ほどかかっていたのが半日で済むようになった。何より体がラクになったと話す。

正三角形の妙味

苦心したのは、３本の杭の配置だ。最初は横並びに配置したが、これだと掘り出したジャガイモが逃げず、土ごと抱え込んでしまう。では…と斜めに並べてみても、イモが杭の間に挟まってうまく掘れない。試行錯誤の末にたどり着いたのが、上から見て正三角形になる配置だという。杭の間隔は15㎝。これで掘ったイモがうまく逃げていく。杭は円筒形（先端は円錐形）なのでイモに傷はつかない。深さ調節も簡単にできる。

実際の作業を見せてもらう。ロータ

地上部を片付けたジャガイモのウネを3本の杭で引っかいていくと、きれいにイモが掘り起こされた

3本の杭は15㎝間隔で正三角形になるように配置

ちなみに、収穫が終わるとジャガイモ掘り機は分解して次の年までしまっているそう。

リの爪が地面に触れない高さでちょうどイモが掘れるように取り付けてある。ロータリの後ろに、きれいに掘り起こされたイモが転がった。

ちなみに齋藤さんは、1回掘り起こしてイモを集めた後、もう一度トラクタを走らせてジャガイモ掘り機を引く。これで掘り残した小さなイモがまた浮いてくるそうだ。傍でイモを集めていた奥さんが「去年より掘るのがうまくなってるよ」とつぶやいた。

（写真と文　倉持正実）

なんでも建てる

足場パイプで多目的小屋から鶏小屋まで

和歌山県田辺市●初山正己

足場パイプで作ったミカン園のモノラック車庫を兼ねた多目的倉庫と著者。パイプどうしを直角に組むところは直交クランプ、筋交いをつけるところは自在クランプ、屋根の板はタルキ止めクランプで留めてある

廃材を活かしきるのは知的ゲーム

団塊世代に生まれ、人生を電器メーカーの技術者としてスタート。父が2度目のガンになったとき、50歳で百姓を始めた。子供の頃から農作業等を手伝い、少しは農業経験もあったが、若い頃から農業を始めた人達と同じ土俵では戦えない。人と違ったことをやる、自分のアイデアを実験する、失敗してもこちらは素人、と開き直った。有機無農薬を目指し、1999年にネット販売中心の自己満足的百姓人生を始めた。

親不孝なことに慣行農法の親父とはことごとく対立した。ただ、親父のDNAを確実に受け継いだなと思うのは、自分の頭で考えて行動することと、金をかけず、他人様が不用になったものなどを有効利用しようとする姿勢。古トタンや廃材などを活かしきるのは知的ゲームだ。つき合いを広げ、礼を尽くせばいろんなものが手に入る。

足場パイプは解体も再利用も簡単

当初、主に使ったのは8㎝角くらいの木の足場材だった。知人の大工さんが不用になったもの。親父の作った鶏小屋の拡張や、納屋の内外の棚作りなどに存分に使った。

10年前、手狭になった鶏小屋を新築する頃には、足場材はほとんど残っていなかった。そんなとき、不景気で困っていた別の同年輩の大工さんが「足場パイプで安く作るから仕事をさせて」と言ってきた。これなら火や水にも強いから用途が広がりそう。しかも足場パイプはクランプと呼ばれる金具で接続するだけで組み立てるから、簡単に解体できる（失敗してもやり直せる）。解体した「お古」はくり返し使える。――私は助手を志願して、足場パイプの技術を盗んだ。

これが私の足場パイプとの出会いだった。

長いパイプを切って使うほうが安い

当時3軒あったホームセンターで足場パイプの旧規格品が安く買えた。クランプ、タルキ止めクランプ、足場パイプどうしをつなぐジョイントなどの関連部品を箱買い。切った足場パイプの切り口を磨くディスクグラインダーや、インパクトドライバー、ラチェットレンチなど、持っていない工具も揃えた。

足場パイプは長いものを買って切って使ったほうが結果的に安くすむ。そこで6mのパイプを切って使うために高速切断機も買った。今となってみれば、元は十分取れたと思う。

筋交いで三角形を作って強度を高める

私は素人であり、実用重視で見栄え軽視。まず簡単なものから作っていき、だんだんにテクニックや工夫を身に付けていった。建設現場の職人さんの仕事ぶりやTV番組「大改造!!劇的ビフォーアフター」なども好んで見る。「学ぶは真似ぶ」。まず真似て、それから自分の色を出せばよい。

これから足場パイプを使ってみようという方に私からひとつだけアドバイスするとすれば、素人にとっては筋交いが強い味方ということ。ご存じのように筋交いは、斜めに入れて三角形を作ることで強度を高めることができる。長いパイプで大きな三角形を作るのがポイント。また、素人の強度チェックは揺すってみること。

こんなもの作った

【多目的倉庫】

以下、使用例をご紹介する。

77ページの写真はミカン園のモノラック車庫を兼ねた多目的倉庫で、斜めに入れた足場パイプが筋交いだ。作業中に頭をぶつけないように配置した。

屋根の下には風でトタンがあおられないように板を付けた。傾斜地なので念のため後ろにパイプを付け加えて補強した。

【広さ10㎡以内の鶏小屋】

10年前に鶏小屋を足場パイプで作ったが、高速道路関連で立退きになったため、3年前には自分で設計施工した。今回は山の中で、タヌキ・アライグマ対策、鳥インフルエンザ対策、加えて建築基準法（81ページカコミ）なども考慮に入れなければならなかった。

建築基準法の制限により10㎡以内と狭くなっているが、やはり筋交いを多用し、止まり木を工夫して鶏に空間をフル活用させている。

鶏舎の周りは鳥獣よけのフェンスで囲った。ちょっと高価な金網を2枚のワイヤーメッシュで挟んでいる。

完成するのに家族総出で約3カ月。あとは1人で細かい修正を加えた。

鶏小屋。骨組みを足場パイプにし、筋交いも足場パイプ。パイプは地面に固定していない。2段積んだブロックの穴にパイプを挿し、セメントで固め、土台にして風で飛ばないようにしている（田中康弘撮影、以下Tも）

足場パイプでこんなものも作ってみた

焼却炉

簡易焼却炉。ウメやミカンなどのせん定枝などを燃やすために設けた。火の勢いを殺すときは、上と前面の開口部をトタンで塞ぐ

物置

足場パイプで作った物置。洗濯物やタマネギ、ニンニク干場として使っている。隣接している自宅を新築したときに、いったん解体して再度組み立てた

小屋を作るときに購入した道具

・ディスクグラインダー
・インパクトドライバー
・ラチェットレンチ
・高速切断機

高速切断機。
長い足場パイプを切るときに使う

（T）

急傾斜用モノラック車庫

モノラックのレールが急に上がるため、屋根を2つに分けて作業中に頭をぶつけないように工夫した

キウイ棚

足場パイプで枠組みを建て、軽量化のためにハウス用の直管パイプと針金で棚を組んだ

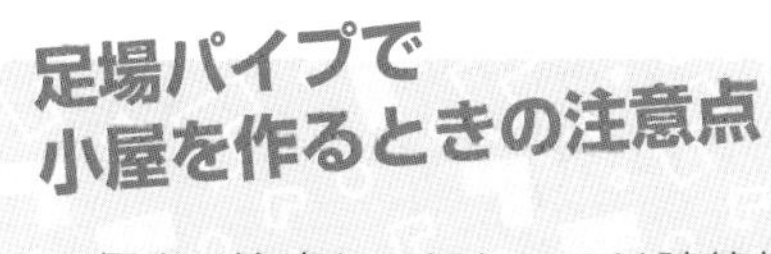

足場パイプで小屋を作るときの注意点

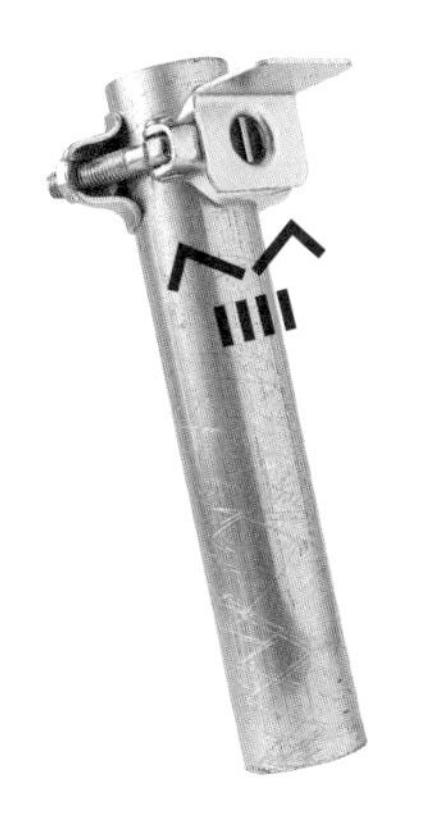

何より注意してほしいのは建築基準法などの法律。足場パイプであっても広い小屋であれば「建築物」として役所などに確認申請が必要だが、10㎡以内のものは不要とのこと。また原則として、屋根と壁があれば建築物としてみなされるので、地面に固定せよとのこと。

せっかく建てた小屋を撤去させられたケース、協力してくれた大工さんや建築士に迷惑がかかったケースもある。目立つものを建てるときは一応、県や市に相談してください。

30万でできた「足場パイプ牛舎」

北海道標茶町●松田康博

足場パイプで作った育成舎

トラス構造で頑丈な牛舎

北海道の東、標茶町で和牛の繁殖農家をしています。現在、飼養頭数は42頭。うち、24頭が母牛です。

好きが高じて、ハッチや納屋、保留牛舎兼倉庫など、なんでも私1人で作ってしまいました。人力施工は安上がりなのが魅力的ですね。

足場パイプを使って分娩舎を作りました。鉄骨を使うのは重くて1人ではとうてい無理ですが、足場パイプなら1人でも施工可能です。

縦横5m、屋根の高さ4・5m、軒高3m程度の大きさの牛舎です。波トタンで屋根を作るために垂木管の上にツーバイフォーの12フィート材（木材）を取り付け、その上に波トタンをビス留めしました。費用は全部で30万円ほどです。

詳しい作り方は次のページを見てください。重要なのは、屋根がつぶれないようにトラス構造（三角形の集合体）を作ることです。

クレーンで移動もできる

パイプ牛舎には、パイプ同士を繋ぐ直交・自在クランプやボンジョイント（足場パイプを継ぎ足すための金具）を使っているので、最初から設置場所や建物の高さを正確に決めておく必要はありません。

いろんな方向からの力に強いことが足場パイプの長所なので、できあがった牛舎をユニック（クレーン）で移動することもできます。小屋ごとそっくり持ち上げて移動すれば、トラクタだけで除糞（掃除）ができます。当然、ミニタイヤローダーやスキッドステアなど、小さめの機械があれば持ち上げる必要はありません。

また、柱を組んだ後で長さを足すこともできるので、高所足場などを仮設しなくても安全に施工できます。

完全に設置したいなら、地面に寝かせた枠の4隅に杭用の足場パイプをクランプし、2mほど打ち込めばかなりの強風にも耐えられます。積雪量に応じて柱の間隔や量を増やせば、つぶれない牛舎の完成です。補強柱や筋交いなど、地域に適用できる工夫を取り入れてください。

また、親用の牛舎（7・5m×24m）や育成舎（12m×14m）も足場パイプで作りました。片屋根式の育成舎は横長にどんどん増築することが可能です。

足場パイプ牛舎の作り方

＊6mの足場パイプを切って使う

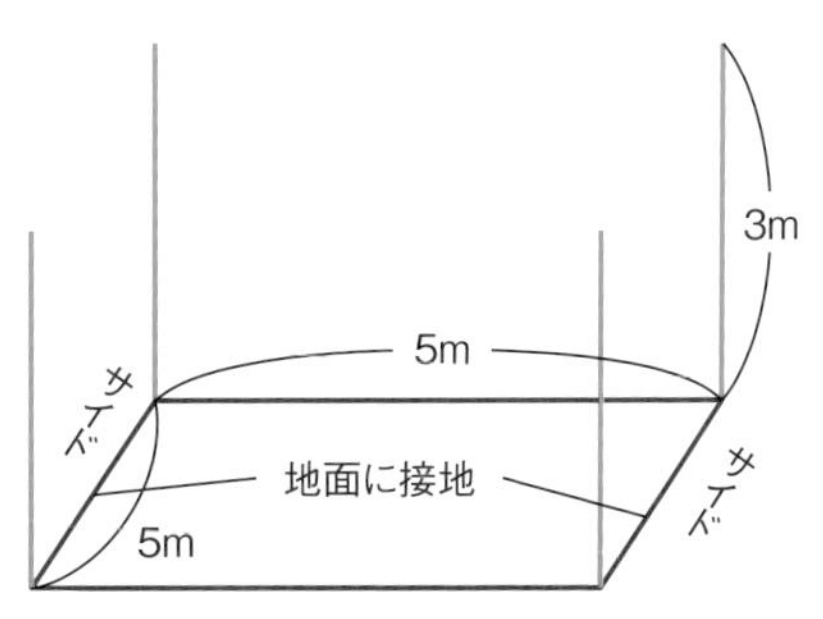

❶５m四方の土台枠を作る。サイド側の足場パイプを地面に接した状態で直交クランプで組む
❷４隅に３mの柱を立てて直交クランプ

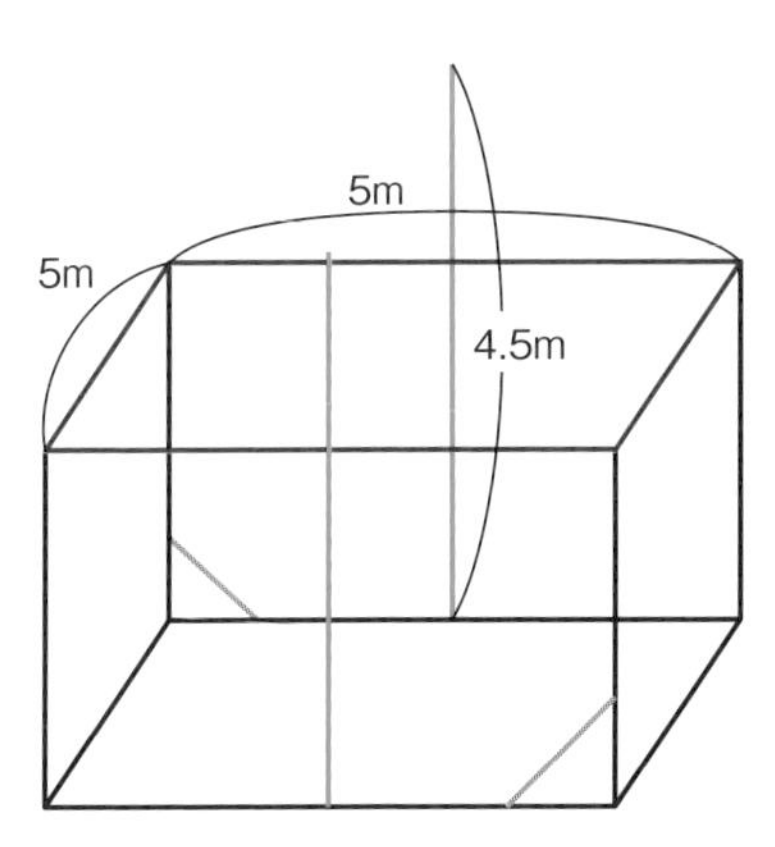

❸５m四方の枠を柱の最上部に直交クランプ。土台と柱に２本程度、筋交いを自在クランプすればよりしっかりする。完成したら筋交いは外してもＯＫ
❹奥と手前のパイプの中央に4.5ｍの柱を直交クランプ

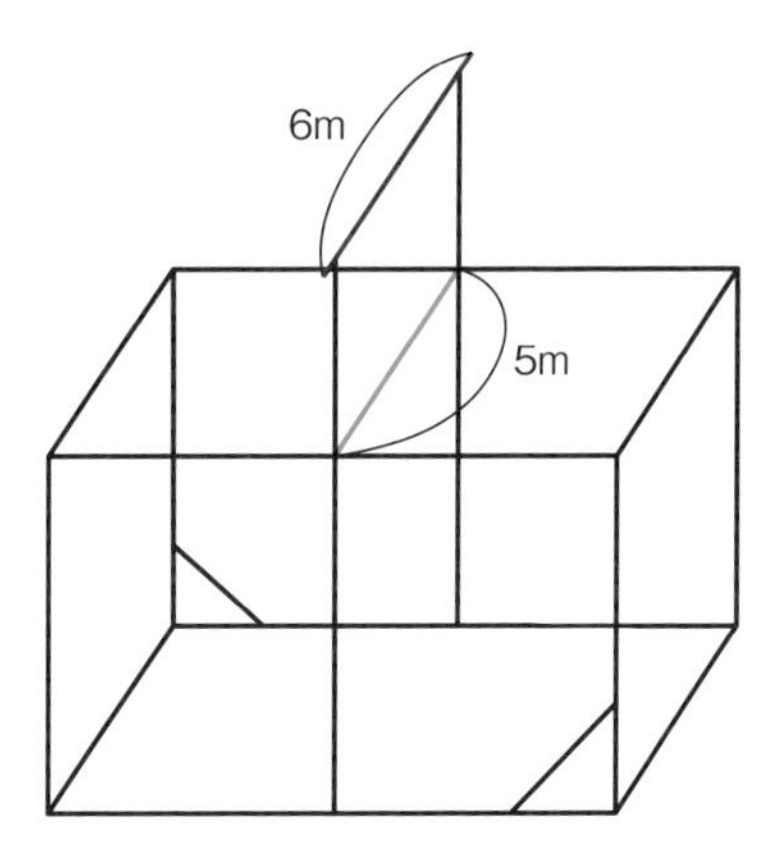

❺4.5ｍの柱の最上部に６ｍのパイプを直交クランプ。はみ出る分は奥か手前にずらせばひさしになる
❻６ｍの柱の下に５ｍのパイプを直交クランプしてトラス構造の要にする

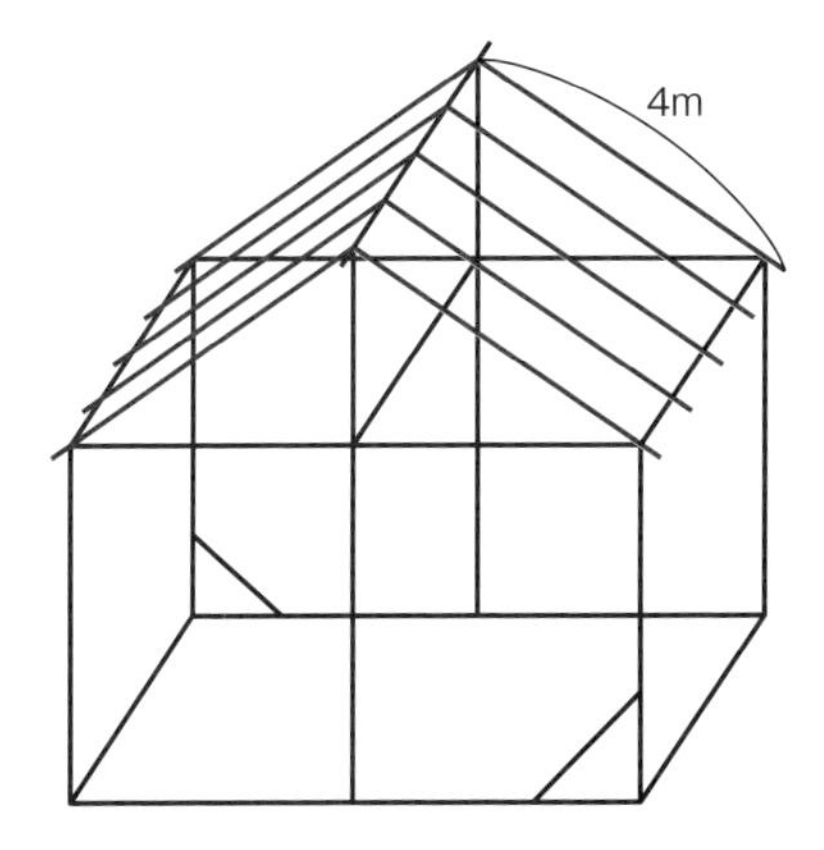

❼屋根の骨組みを作る。垂木管として、片面５本ずつ、最上部から軒まで４ｍ管を直交クランプ

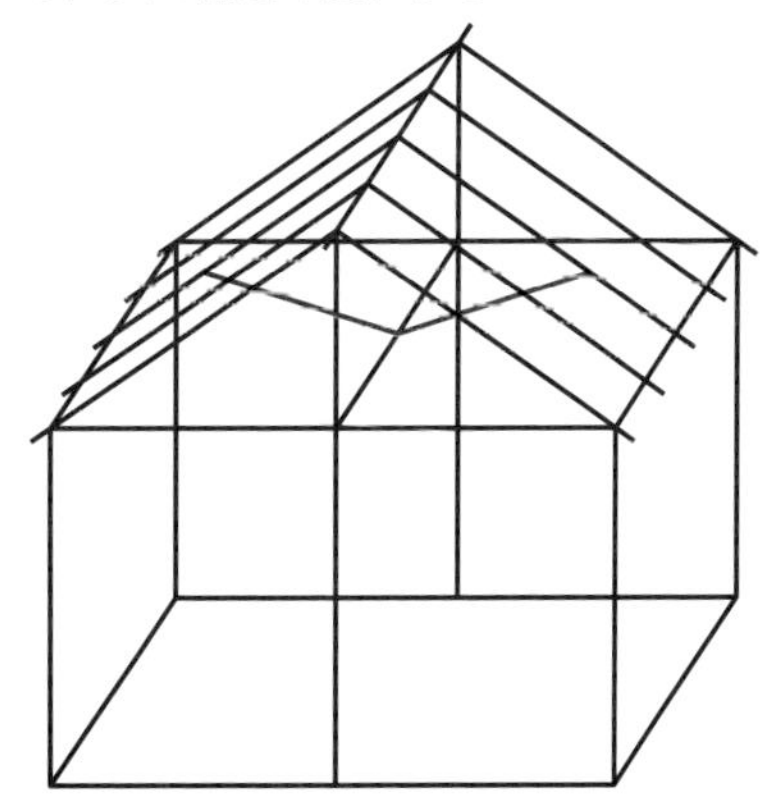

❽❻のパイプから屋根の骨組みのまん中へ足場パイプを自在クランプで留める。トラス構造を作ったら骨組みの完成

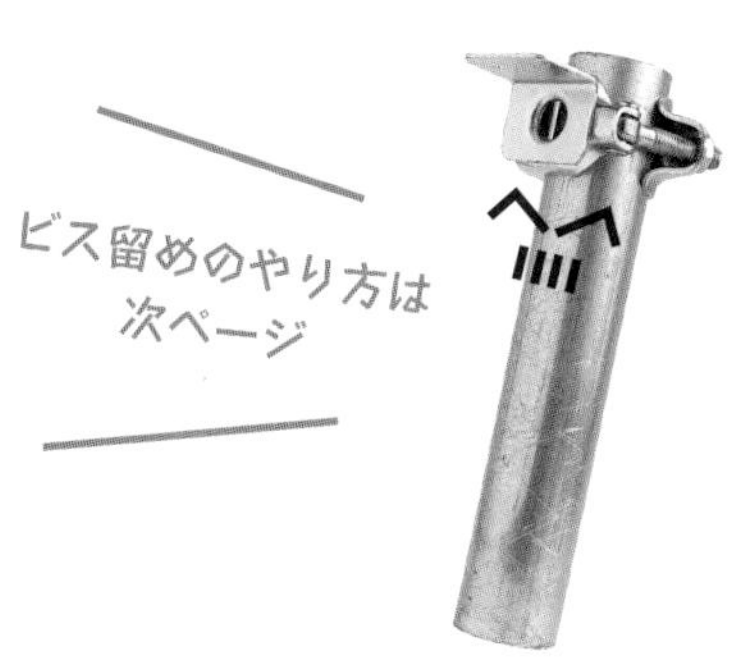

ビス留めのやり方は次ページ

＊屋根の骨組みの上に、サドルバンドを使って木材を取り付け、そこへ波トタンを重ねビス留めする

松田さんの足場パイプ牛舎の屋根。屋根の傾斜が緩やかなので
トラス構造を作るための足場パイプを通常より多めに設置

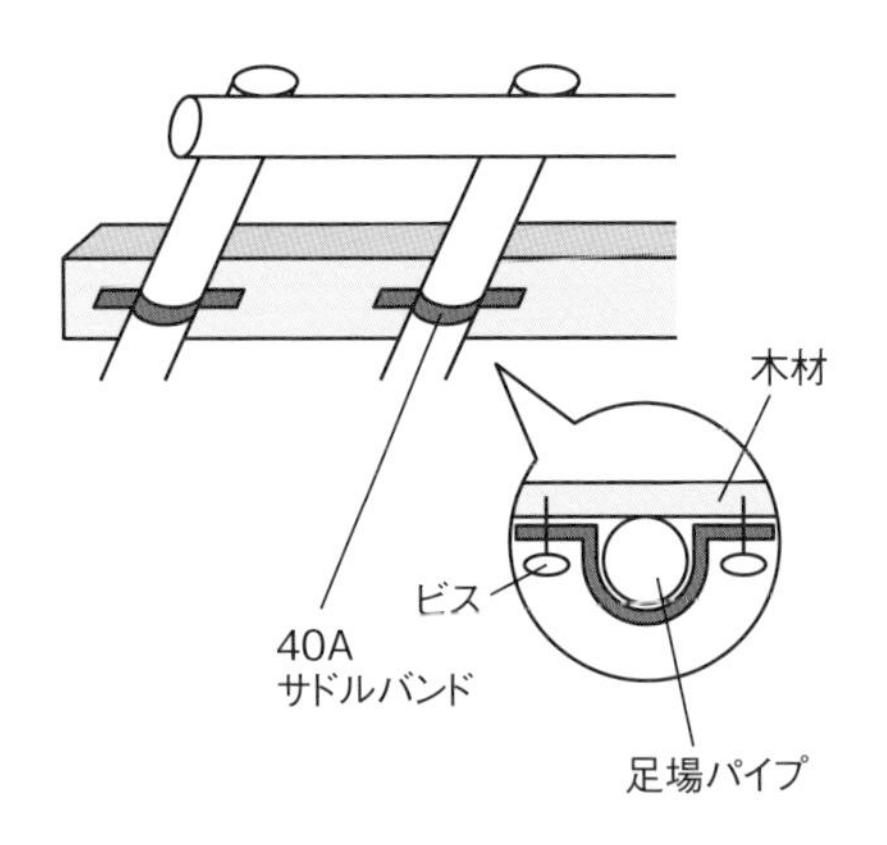

木材（ツーバイフォーの 12 フィート材）と垂木管の足場パイプは、40 Aサドルバンドとビスで留める。木材に波トタンを載せ、ビスで留めて屋根が完成

写真は栃木県茂木町の
足場パイプの簡易牛舎
（依田賢吾撮影）

図解 簡易去勢枠

北海道標茶町●松田康博

単管パイプで作れば、溶接で作るよりやり直しがききます。材料費１万7000円で簡単にできましたが、意外と丈夫です。

寸法は120日齢の子牛が基準です。それ以外の牛では多少大きすぎたり小さすぎたりすることがありますが、クランプはレンチ１本で簡単に取り外すことができるので、小さくしたり大きくしたりは簡単です。ただ、この保定枠は重いのが難点で、あまり移動させることができません。

筆者の去勢枠。頭絡（頭に巻くロープ）を引いて子牛を中に入れ、頭絡と前の横棒をロープで結びつけて頭を固定。足と背中もロープで固定する（ロープの端はすばやく結べる巻き結びで留める）

材料と費用のめやす

品目	数量	費用
単管パイプ	6m×３本	9000円
ツーバイフォー材	７本	2000円
直交クランプ	18個	
自在クランプ	４個	計5000円
サドルバンド（40A）	16個	1000円
合　計		17000円

首～頭の動きを制限するため、頭側は横棒どうしの幅を狭くする。前側の横棒と縦棒が交わる角度が直交（90度）ではなくなるので、自由な角度に固定できる自在クランプで固定（直交クランプは確実に直交に固定するのにはいいが、直交以外の角度にはできない）

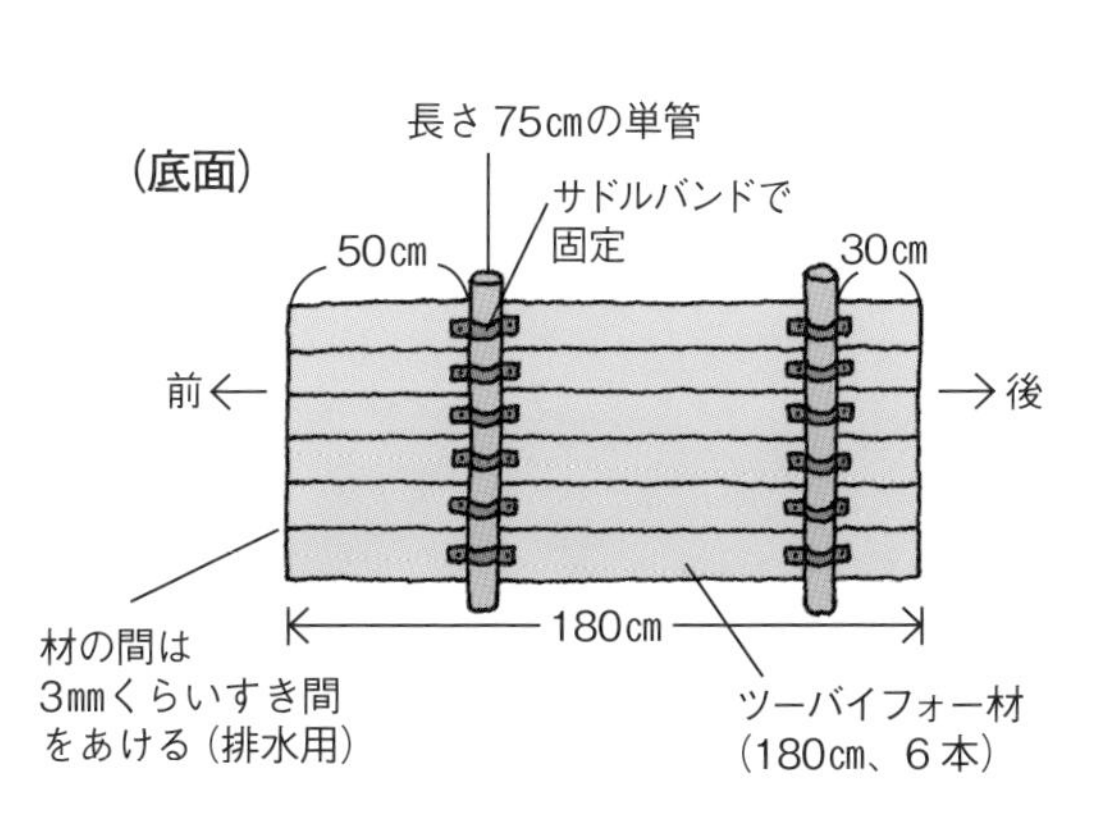

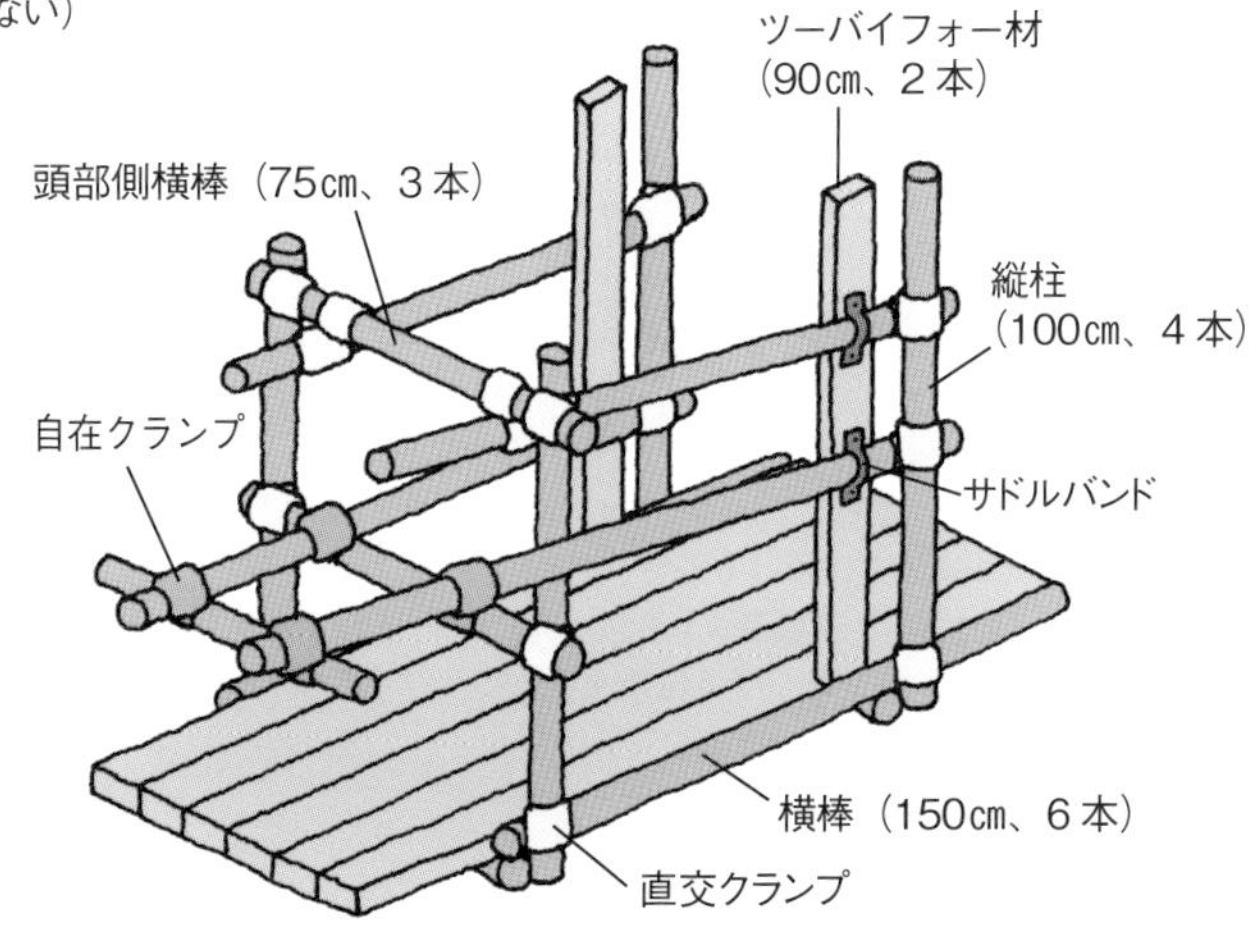

図解 スタンチョン

北海道標茶町●松田康博

親牛も子牛も手間の少ない群飼いなのでスタンチョンが必要ですが、うちのような小規模農家には市販品じゃ高すぎます。

大好きなバタマル（単管）細工でおもしろいもの作れんかなあと自作の虫が動き出し、松田式単管スタンチョンが完成しました。

単管なら安いし、サイズはいくらでも変更できるし、撤去や移動も簡単。とくに子牛用には便利です。うちは3カ月齢から種付け時期まで雌雄別にひとつの群で飼うので、子牛の大きさがバラバラです。単管なら子牛の首はさみ幅をクランプで簡単に調整でき、1台のスタンチョンでどんな大きさの子牛もつなげます。子牛の月齢や体調に応じて1頭ずつ計量した配合飼料を食べさせられるので、盗み食いがなく、個体管理が正確にできます。

材料（子牛10頭用1台分）

単管
- 横管：6m×3本
- 縦管：11本（長さ1.3～1.5m＝地上部1.2mプラス地中に埋め込む長さ。3本に1本は長めにして深く埋め込む）
- 首はさみ管：1m×10本
- ロック金具管：40cm×10本

アングル材（20×20mm）：長さ15cm×10本
クランプ（直交33個、自在20個）
サドルバンド：11個
餌槽用のOSB材、ツーバイフォー材、バケツ10個
電気溶接機、レンチ

餌槽側から見たところ

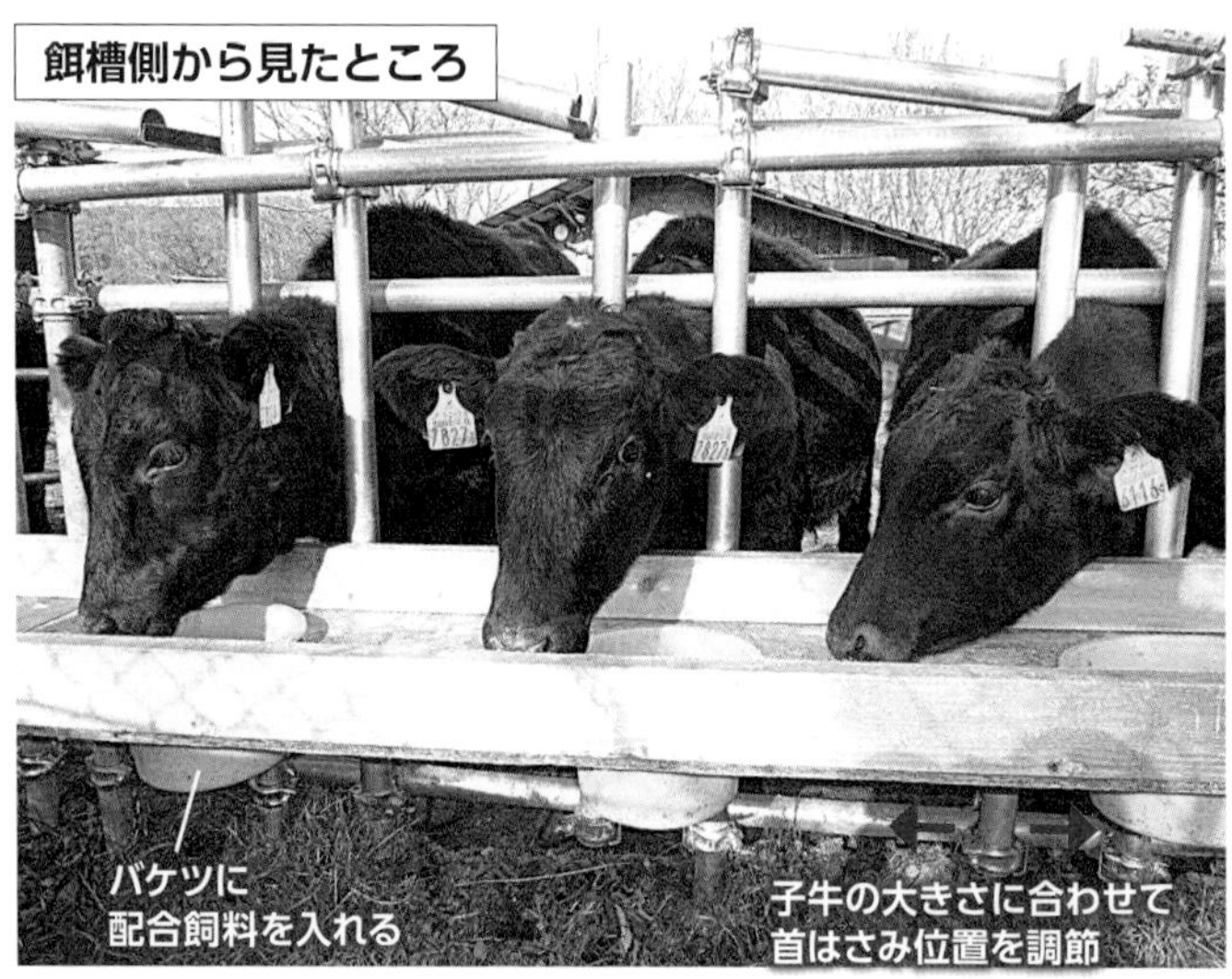

ロック中の状態。スタンチョンはパドックの柵の一部として設置。朝晩15分ずつつないで配合飼料だけを食べさせる（このとき観察や治療も行なう）。粗飼料は牛舎前の餌槽で飽食させている

パドック側から見たところ（左上の写真と逆側）

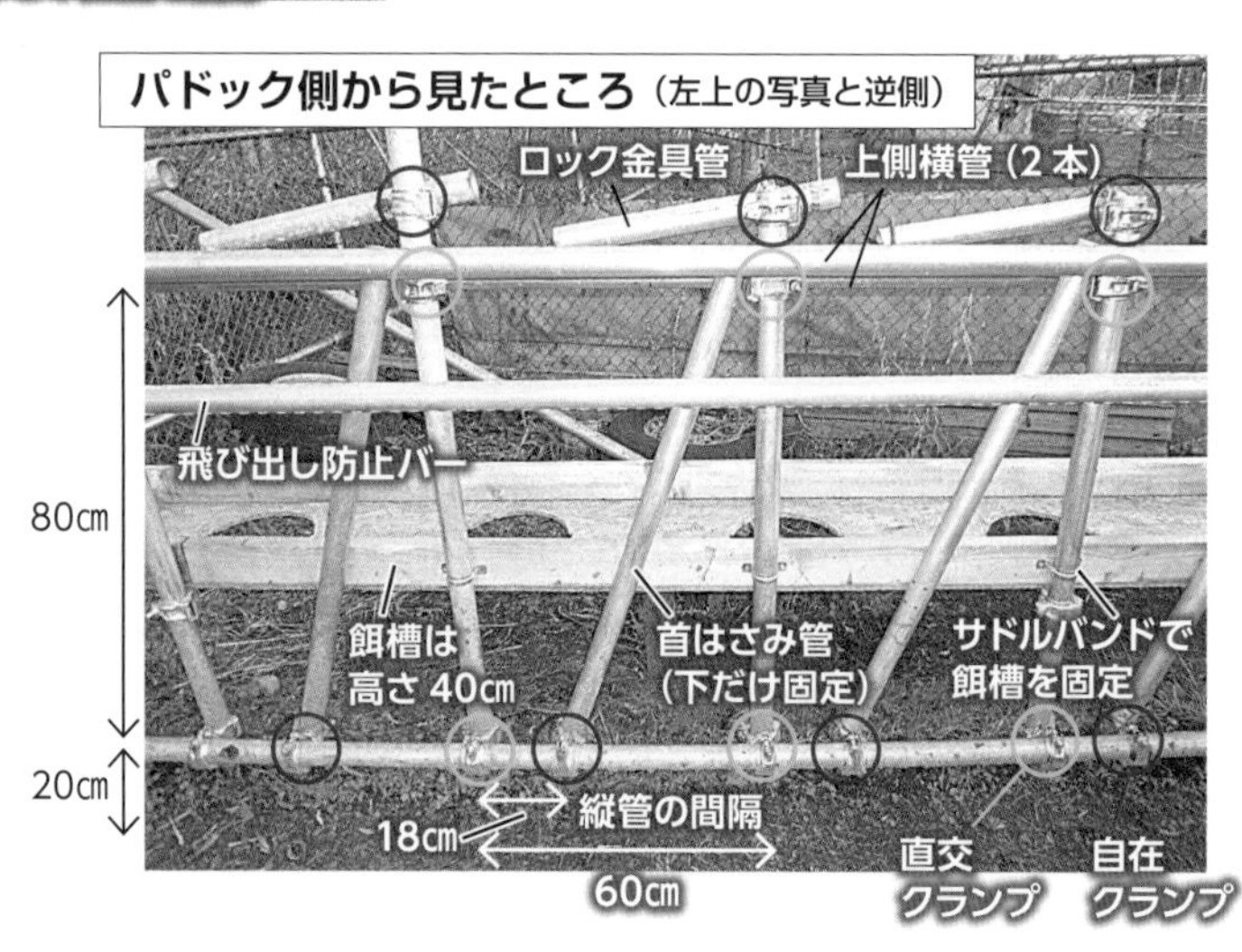

ロック前の状態。上側の横管はこの写真では見えづらいが、縦管をはさんで2本設置する。真ん中の横管は子牛が小さいときだけつける飛び出し防止バー（材料外）。連動スタンチョンではなく、子牛1頭ずつロックする仕組み

子牛を固定する手順は次ページ上

子牛を固定する（ロック）手順
（餌槽側から見たところ）

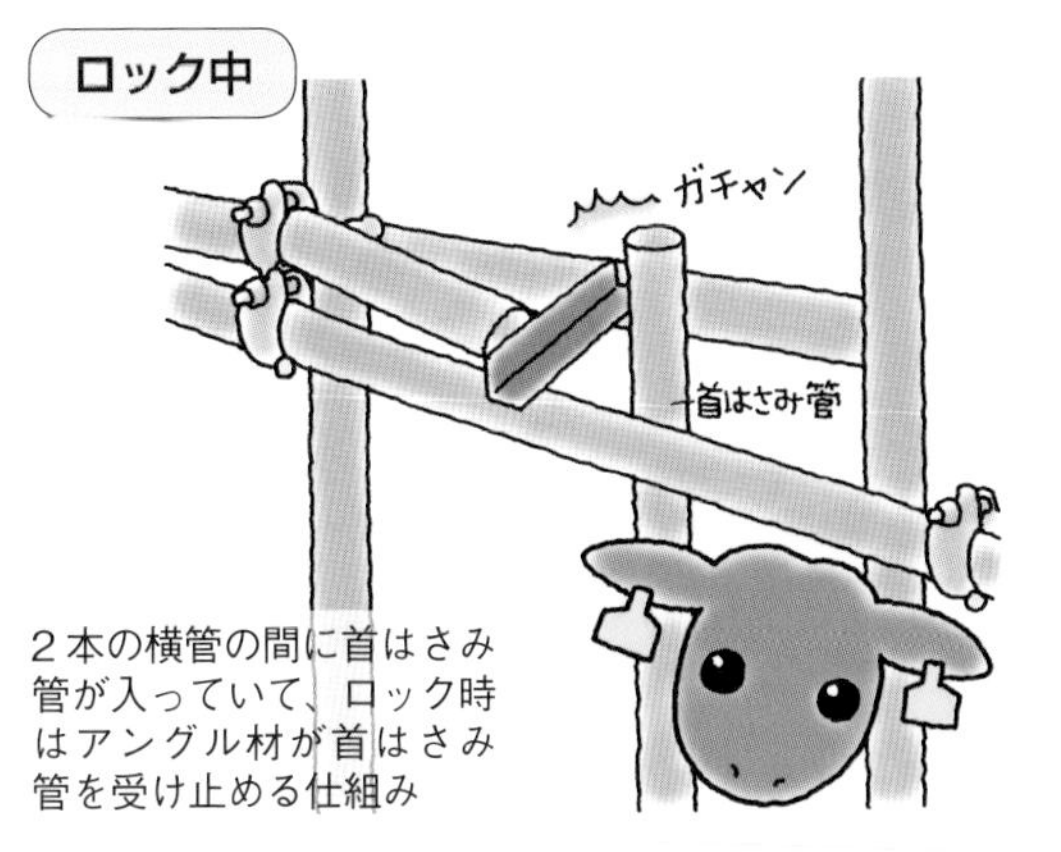

2本の横管の間に首はさみ管が入っていて、ロック時はアングル材が首はさみ管を受け止める仕組み

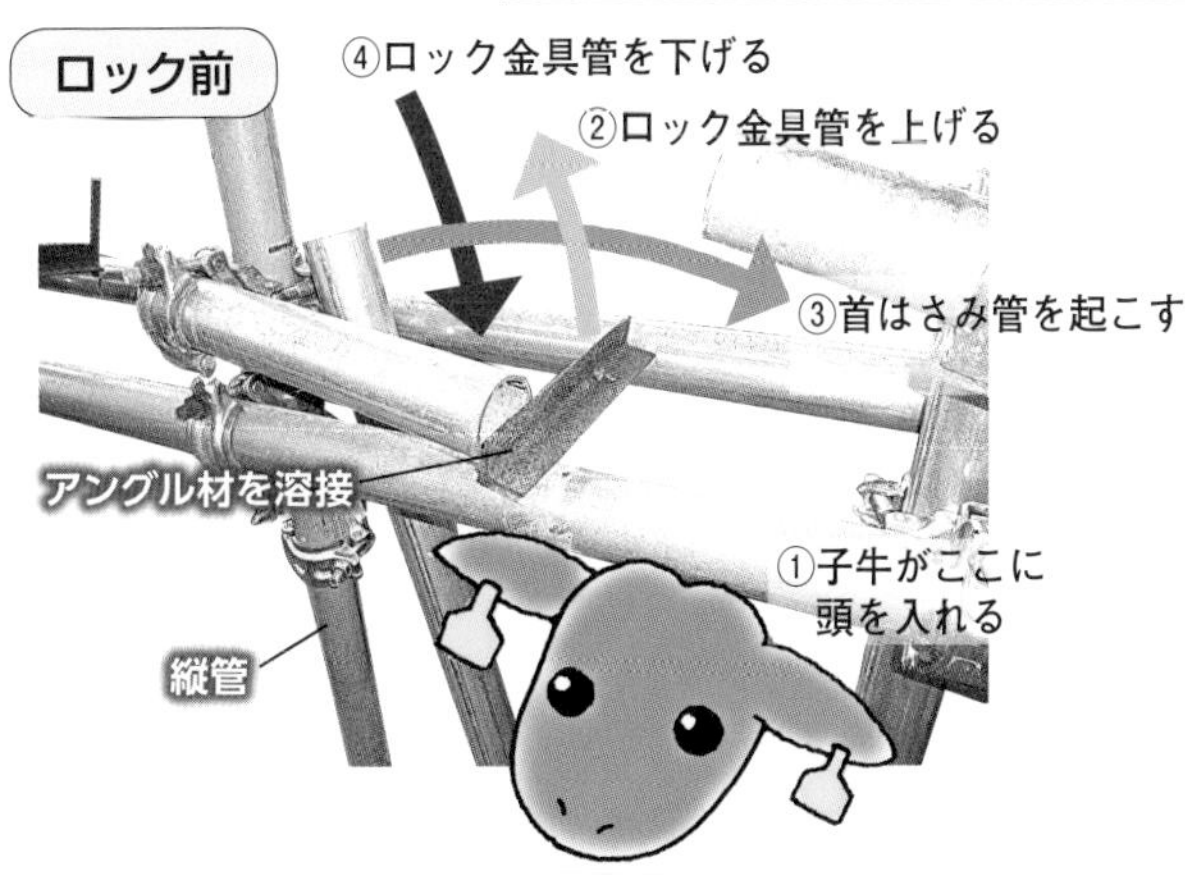

放牧でも足場パイプ

●編集部

近年では従来の畜産農家だけではなく栽培農家や新規参入者などが牛の放牧に取り組むようになってきたというのが、農研機構畜産研究部門の平野清さん。耕作放棄地を利用して、数十頭の牛を1年を通して親子放牧させることで省力化とコスト削減ができる「周年親子放牧」の研究開発をしている。

放牧には牛を捕まえるためのエサ場が必要だが、手軽にエサ場を作るときに足場パイプが使えるという。給餌施設としてのスタンチョンや簡易牛舎の設置には足場パイプがもってこいのようだ。

持ち運べる移動式のスタンチョン。最低限の屋根を付けたタイプ

集畜場所となるスタンチョン。足場パイプで地面に固定してある

簡易牛舎。ロール等をスタンチョンの前に置ける。放牧草がないときの給餌がラク

農地を再生してくれる牛。広い放牧地では2～3カ所に区切ってローテーションさせる。山の中まで入れるように電気柵を張っているので、夏の暑い日も木陰に入れる

ここでも足場パイプ！

集落営農で牛を飼う

西山維新会より

岡山県高梁市●吉家 仁さん

集落営農として和牛放牧に取り組んでいる、岡山県高梁市の(農)西山維進会。足場パイプはここでも活躍している。本誌2020年1月号から抜粋して紹介する。（編集部）

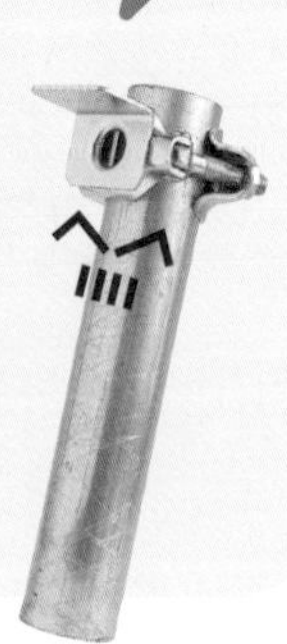

西山維新会について

場所	岡山県高梁市西山地区
人数	11名（法人化時）
設立	2013年に任意団体として発足 4年後、農事組合法人に
出資金	300万円
面積	総面積約16haの耕作放棄田を管理 （うち放牧地8カ所）
頭数	44頭（母牛30頭、自家産育成牛3頭、販売用子牛11頭）

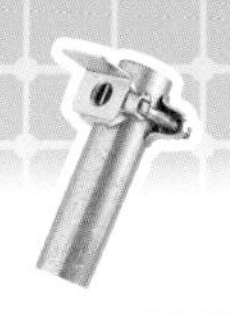

パイプ活用❶

放牧柵

単管パイプと電気柵で放牧柵を作って囲っている。

きれいに「舌刈り」された元・耕作放棄田

パイプ活用❷

エサ場の侵入防止柵

吉家さん（右）と野村幸市さん。奥に作ったのは日よけ・雨よけ＆子牛のエサやり用の小さいハウス（編）

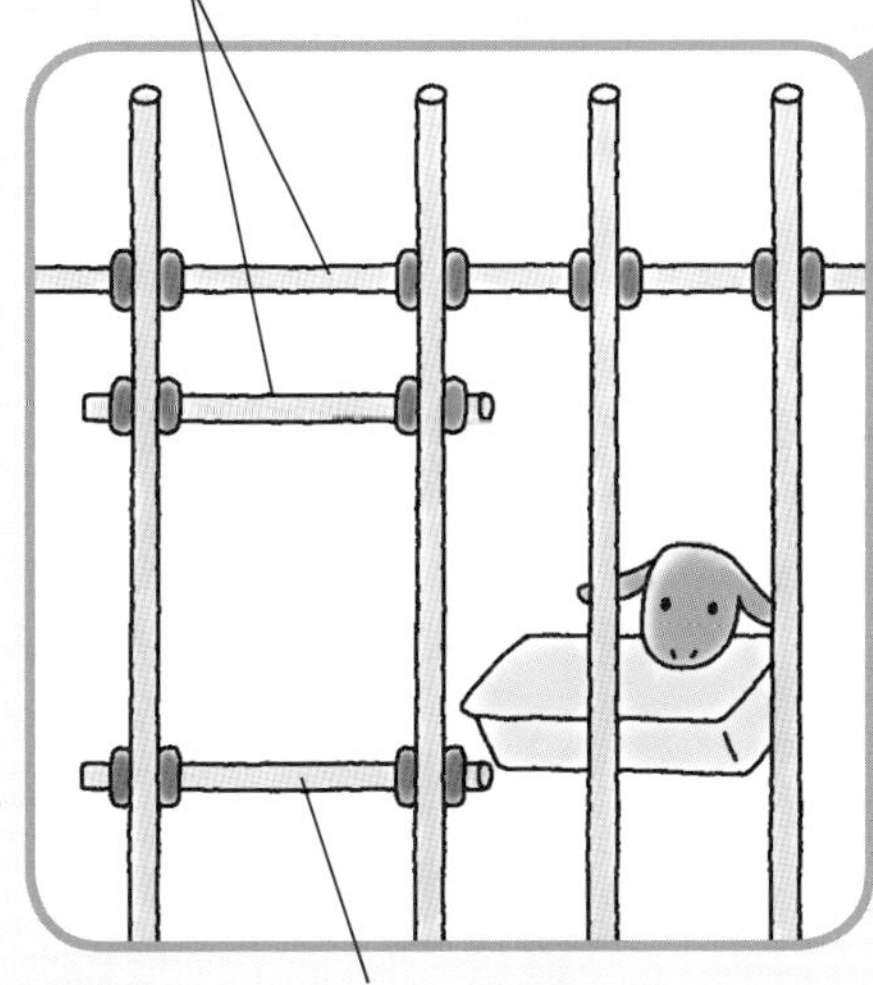

間口に肩が入るかが目安
単管パイプでエサ場を分ける

１日１回のエサやりで、親牛と子牛のエサを分けるために、子牛だけが通れる狭い間口を単管パイプで作り、その奥に子牛用のエサを入れている。単管の位置は子牛の成長に合わせて調整する。親牛の肩が入らない間口を作るのがポイント。肩がつかえるとたいてい入るのをあきらめるが、肩が少しでも入ると「これはいけるな」と、単管を押し曲げてでも体を押し込んできて、子牛のエサを全部食われたことがある。

鶏舎におカネをかけすぎない

神奈川県二宮町●川尻哲郎

神奈川県二宮町で放し飼いの自然養鶏「コッコパラダイス」を経営している川尻哲郎さんと末永郁（かおる）さん。現在、後藤もみじ、後藤さくら、アローカナ、ウコッケイの4品種、合計約500羽規模で運営し、卵を直売や近隣のマーケットで販売している。

そんなコッコパラダイスの、ゼロから作る鶏舎について解説していただいた。（編集部）

コストダウンでゆとりの羽数

鶏舎について、コッコパラダイスの川尻哲郎が説明いたします。最初に鶏舎を建てたのが3年前で、6棟の鶏舎を建ててきました（現在使用しているのは3棟）。その経験でわかったことを私なりにまとめてみました。

鶏舎を建てる際のポイントは次の通りです。

(1) 獣害対策
(2) 台風対策
(3) 建築基準法の遵守（私達の鶏舎は基礎を作らず、屋根を取り外せるので建築物にあたらず、申請がいらない）
(4) 建築費は安価にする

(1)～(3)は当然のことですが、これを完璧にしようと思うと大変な経費と時間がかかってしまいます。(1)、(2)は必要最小限はやるとして、とくに重要なのは建築費を安くするために工夫することです。

なぜなら建築費をかけすぎると、採算を合わせるために経営の効率化を図り、限られたスペースにできるだけ多くのニワトリを飼おうとします。すると、どうしても密集飼いになってしまい、環境が劣化して悪臭やハエの発生の原因になります。ニワトリの病気や卵の質の低下にもつながります。

コッコパラダイスで最初に建てた鶏舎は、土台は単管パイプで、屋根は波板、壁全面には鉄網を使っていました。しかし最近建てた鶏舎では、土台は同じ単管パイプですが、屋根はテント生地、壁面は獣害対策用のビニール網で下の部分だけ鉄網を使いました。これにより建築費は半分以下になりました。

著者（右）と末永郁さん

ビニール網、テント生地を駆使

鶏舎の建て方や材料について、建てる順に説明します。

単管パイプとナイロン網で建てた鶏舎（左奥）。手前に運動小屋を作り、鶏舎と行き来できるようにした

①地面を整備する。
　水平棒で測定しながら平面にします。
②単管パイプで土台と骨組みを作る。
　つなぐときはジョイントを使うとすごく便利です。従来の凹凸のあるジョイント（クランプ）より少し高額ですが、これを使うことでプラモデルを作るように、簡単に短時間でゆがみなく組み立てられます。
③壁を作る。
　壁面全面は軽くて安いビニール網を張り、単管パイプやワイヤーなどに結束バンドで留めます。さらに獣害対策で、ビニール網の下の部分の外側に鉄網を、内側にはベニヤ板を張ります。
④屋根を作る。
　波板よりも安いテント生地を張り、単管パイプにクリップで留め、テント生地全体をワイヤーで押さえます。
⑤ドアを付ける。
⑥止まり木を作る。
　試行錯誤の結果、ハシゴのような形にして梁に立てかけるのが一番よいようです。鶏舎内で移動させやすく、上段のニワトリの糞が下段のニワトリに落ちることもありません。
⑦鶏舎３棟を電気柵で囲う。
⑧時間のあるときに台風対策や雨樋を設置する。

48㎡で約30万円

　このような建て方で、48㎡の鶏舎にかかる労力と経費（４×12ｍ）はどれくらいかというと、②の単管パイプでの土台作りは２人で１日（慣れれば１人で半日）。③の壁と④の屋根作りは２人で１日。経費は多めに見積もっても30万円です。

　私達の場合は、この広さの鶏舎で１５０羽以内（１㎡あたり約３羽。一般の平飼いは１㎡あたり平均10羽）を飼育するのが理想です。この余裕のある環境で、床にウッドチップかモミガラを敷けば、悪臭やハエの発生はほとんどないはずです。

コッコパラダイスの鶏舎

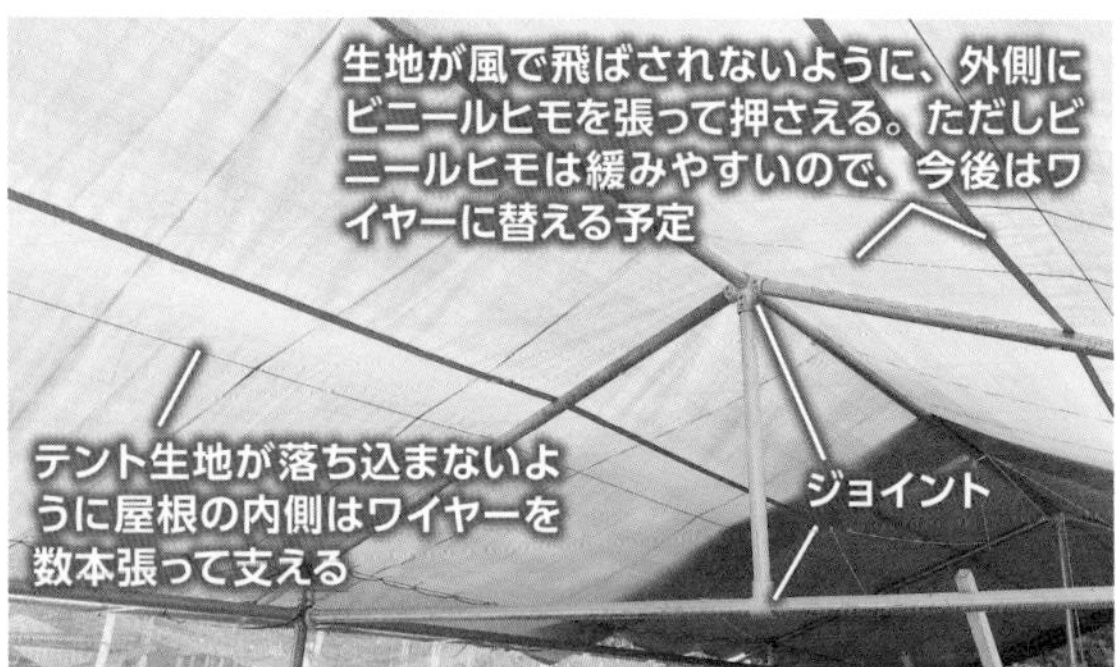

鶏舎。広さ48㎡（4×12m）、高さ2～2.5m。建築費用は約30万円

一番内側をベニア板で覆う。ニワトリがビニール網を破るのを防ぐ

鉄網の裾 20～30㎝を丸太で押さえ、害獣が地面を掘って侵入するのを防ぐ

ハシゴ型の止まり木。下の段のニワトリの羽が糞で汚れない。気軽に位置を変えられるから糞が1カ所に固まらない。止まり木が少ないと産卵箱に入って眠ってしまい、産卵箱の床が糞で汚れ卵も汚れてしまうので、多めに作る

大型の乾燥調製倉庫

千葉県勝浦市●田村瑞穂さん

乾燥機が３台入る大型の乾燥調製作業倉庫を足場パイプで作っているのが田村瑞穂さん。

公共工事なども請け負う建築会社を自営していたとあって、足場パイプの扱いはお手の物。さまざまな補強を加えた倉庫は、風速50ｍの強風にもビクともしなかったそうだ。

屋根の荷重がかかる部分には直交クランプではなく、ウツボクランプを使用

梁の足場パイプ

支柱の足場パイプ

ウツボクランプ　直交クランプ

約1mの長さの足場パイプで三角形を作るようにして補強（トラス梁）

5m

6m

10.8m

7.6m

角には足場パイプで筋交い

支柱の足場パイプは約1.8mごとに入れている

15㎜の鉄筋を地中のコンクリートの中に埋めて足場パイプを固定

田村さんの乾燥調製倉庫。角には足場パイプで斜めに筋交いを入れている

モノが取り出しやすいスリム棚

徳島県吉野川市●河野充憲さん

（小倉かよ撮影）

工作が得意な河野さんの作業場は整然としていて美しい。その中で目を惹くのは壁際の収納棚。25㎜の直管パイプを組んで板を渡して作った棚だが、奥行がとても浅い。台としてのせている板の幅はわずか９㎝。

このスリムな棚にのっているのは、塗装やメンテナンス関係のスプレー、小さな道具箱、部品のキャスター、工作材料のシャフト鋼、チェンソーまで様々。

「奥行がある棚だと、奥にあるものが取りにくいし、何があったかわからなくなる。この薄さが使いやすいんです」

パイプで土木

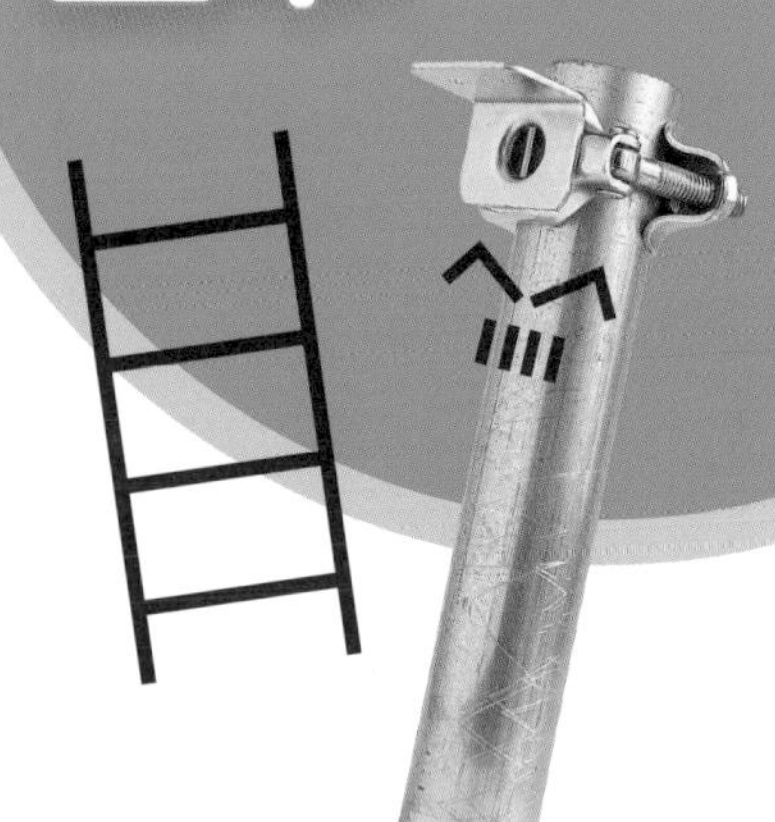

田んぼの段差解消スロープ

福岡県八女市●平島秋夫さん

スロープの上に立つ平島さん（写真はいずれも赤松富仁撮影）

上の田んぼから見たところ。キウイの棚パイプを組んだところへ、歩けるようにアルミブリッジを取り付けた

キウイフルーツの棚パイプで田んぼのスロープを作ってしまったのは平島秋夫さん。

「ここがいちばん段差があって行き来が大変だから、いつも遠回りしていたんですよ。毎日行き来するところだから、何とかラクにしたいと思って…」

スロープを設置したおかげで、効率よく仕事できるようになった。

年2回、奥山の用水路を点検

二王子（にのうじ）山の麓に位置する板山地区は農家戸数75戸の典型的な中山間地域。江戸時代に開削された兎泉（うつみ）用水には、手掘りのトンネル（隧道）が今も残っています。

そうした山中の水路の点検は、5月と10月の年2回。その他、大雨で増水した場合も板山自治会の役員が登山道を登って見回りに行きます。途中、地元住民で架けたスギ丸太の小さな橋が15カ所ありましたが、雪や川の増水で丸太が傷み、補修や架け替えが必要になっていました。

といっても、改修にはおカネがかかるうえ、集落のメンバーも高齢者が多

単管パイプの橋

新潟県新発田（しばた）市●佐藤富一

長さ5m、高さ1mの単管パイプの橋。亜鉛メッキが施されているのでサビにも強い

いので、重い丸太を運ぶのが体力的にも困難でした。

単管パイプなら軽くて施工が簡単

そこで、軽くて持ち運びに便利な単管（足場）パイプで橋をつくることにしたのです。当初「山に人工物で橋を架けるのはいかがなものか」という意見もありましたが、２００７年から自主施工で少しずつ架け替えていき、３年ですべて単管パイプの橋になりました（改修のほかに新設３カ所）。

手すりのない橋もあり、5月の用水点検の際にアルミ板の足場を設置する。冬は雪の重みで橋が壊れるので板を撤去

直径約50㎜、長さ１～３ｍの単管パイプをクランプ（結合金具）で接続してフレームを製作。床は60㎝間隔でパイプを横につないで足場にしました。また、安全性を考えて橋脚は筋交いで補強してあるので、３００㎏以上の重さにも耐えられるつくりです。

費用は日当と材料代込みで１カ所４万～５万円。用水の管理道路の名目で、「農地・水」（現在の「多面的」）の交付金からすべて捻出することができました。

単管パイプはクランプで接続するだけで組み立てられるので、解体も簡単です。溶接などの特殊な技術が必要なく、道具もレンチが１丁あればＯＫなので補修も少人数でラクにできます。

大雪や洪水で橋が壊れたり、流されたりしますが、丸太橋よりは簡単に復旧できるので地元のみんなに喜ばれています。

トラクタに安全フレーム

長野県小諸市●土屋　薫

園芸用のラティスの留め具で上部のフレームを固定。取り外し可能

私（71歳）は、水稲を40a、ブルーベリーを8aほど栽培しています。JA退職後の現在、妻と2人で細々と農業を楽しんでいます。

トラクタは昔の古いものを使い続けています。昔のトラクタは安全フレームなど付いていないことが当たり前でした。いまも中古屋に置いてある古いトラクタには付いていないと思います。

安全フレームのないままトラクタを使っていましたが、あるとき、畑で耕転作業をしていたら急に大雨になり、慌てて家に逃げ帰ったことがありました。車庫にたどり着いてから、ふとトラクタのブレーキペダルを見て、左右のペダルを連結しないまま走っていたことに気付き、思わずゾッとしました。幸い一度もブレーキを踏まなかっ

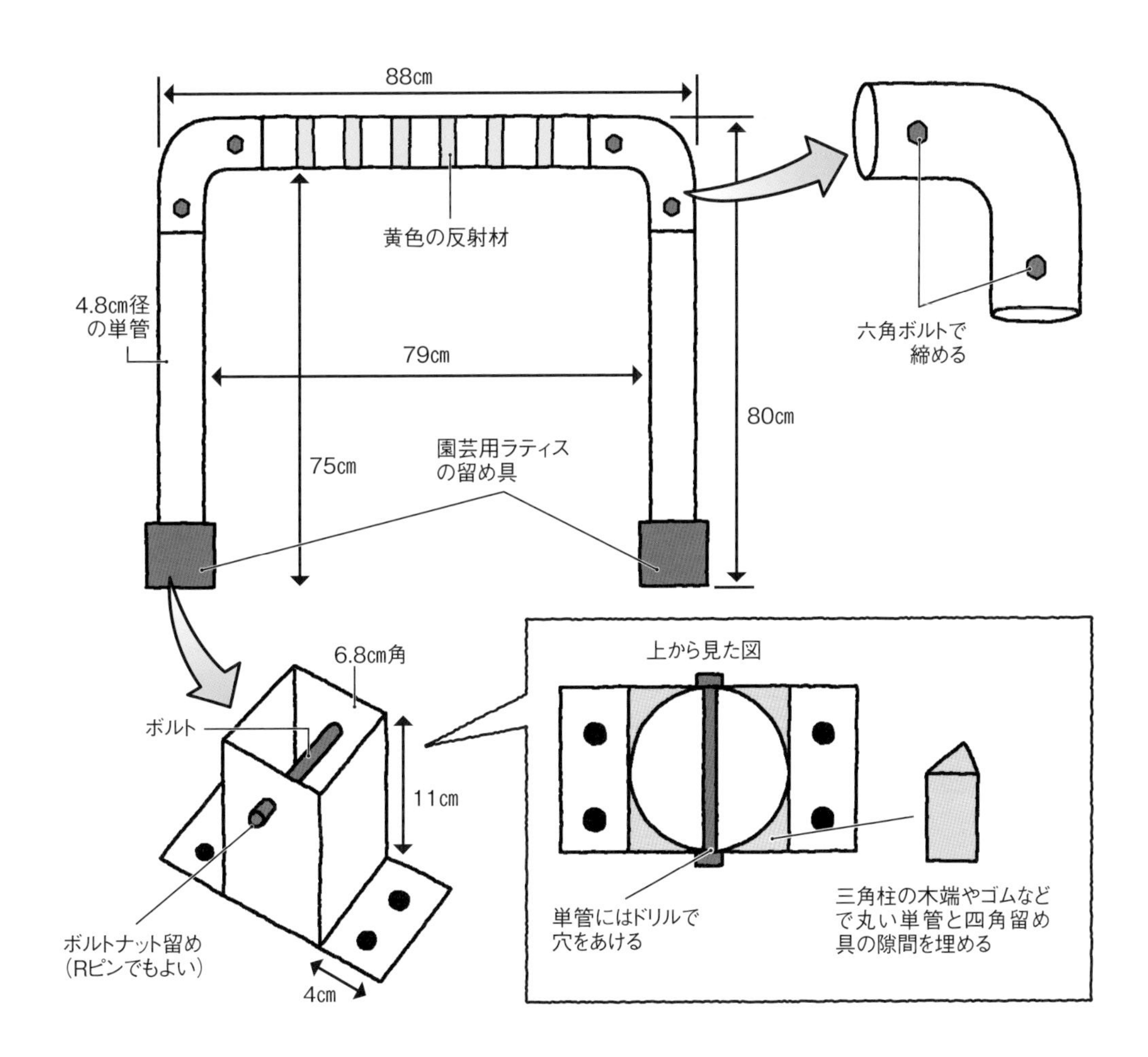

たからよかったものの、もし踏んでいたら……。左右のどちらかに横転したり、簡単に体が投げ出されていたかもしれないのです。

道路を走るときは、必ず左右のブレーキペダルを固定することはもちろん知っていました。しかし慌てたときに事故は起きるものだ、ということを痛感しました。

その後、トラクタの安全フレームを自作して付けました。材料はホームセンターなどで手に入る単管パイプやエルボジョイント、ラティスの留め具などで、５０００円ほどでできました。取り外しも可能です。今後はシートベルトも付けたいと思っています。

足場パイプの薪棚

新潟県湯沢町●清水 守さん

縦のパイプ4本の下端4カ所だけは直交クランプを使う

右2つが足場パイプの薪棚

清水守さんは、杉林の管理で出る薪を乾燥させる薪棚を足場パイプで作った。足場パイプなら頑丈でほぼ永年使うことができるし、木で組んだ棚と違ってあとからユンボで吊って移動させられるのがいいそうだ。材料が揃えば半日仕事だ。材料は1台2万円ほど。清水さんはすでに10台くらい作った。

垂直に立つ4本のパイプと底面のパイプと固定する4カ所だけは直交クランプで、他はすべて自在クランプを使った。水平器を使って水平に作れば、豪雪に耐えられるし見栄えもよくなる。薪を積んだ上に軽トラの荷台用のシートを被せて雨（雪）よけをすれば完璧。

手作りミニクレーン

神奈川県横浜市●塩川邦彦さん

建築工事の設計、施工管理、コンサルティングを仕事にしている塩川さんが、自分の軽トラックに取り付けて10年来利用しているのは、簡易・安価な自作のミニクレーン。直流12Ｖの電動ウィンチで、軽トラの荷台に載る程度のものならたいていのものを持ち上げることができる。１６０kgもある大型バイクも吊り上げることができた。

クレーンの主材は足場用の単管パイプ（鋼管）で、電動ウィンチや写真のような部品はアメリカからの輸入品。全部合わせても３万円程度で手作りできるそうだ。ちなみに、このクレーンは付け替え可能で、しっかりした柱や立ち木に単管パイプを取り付ければどこでも使用可能である。

手作りミニクレーンの概要

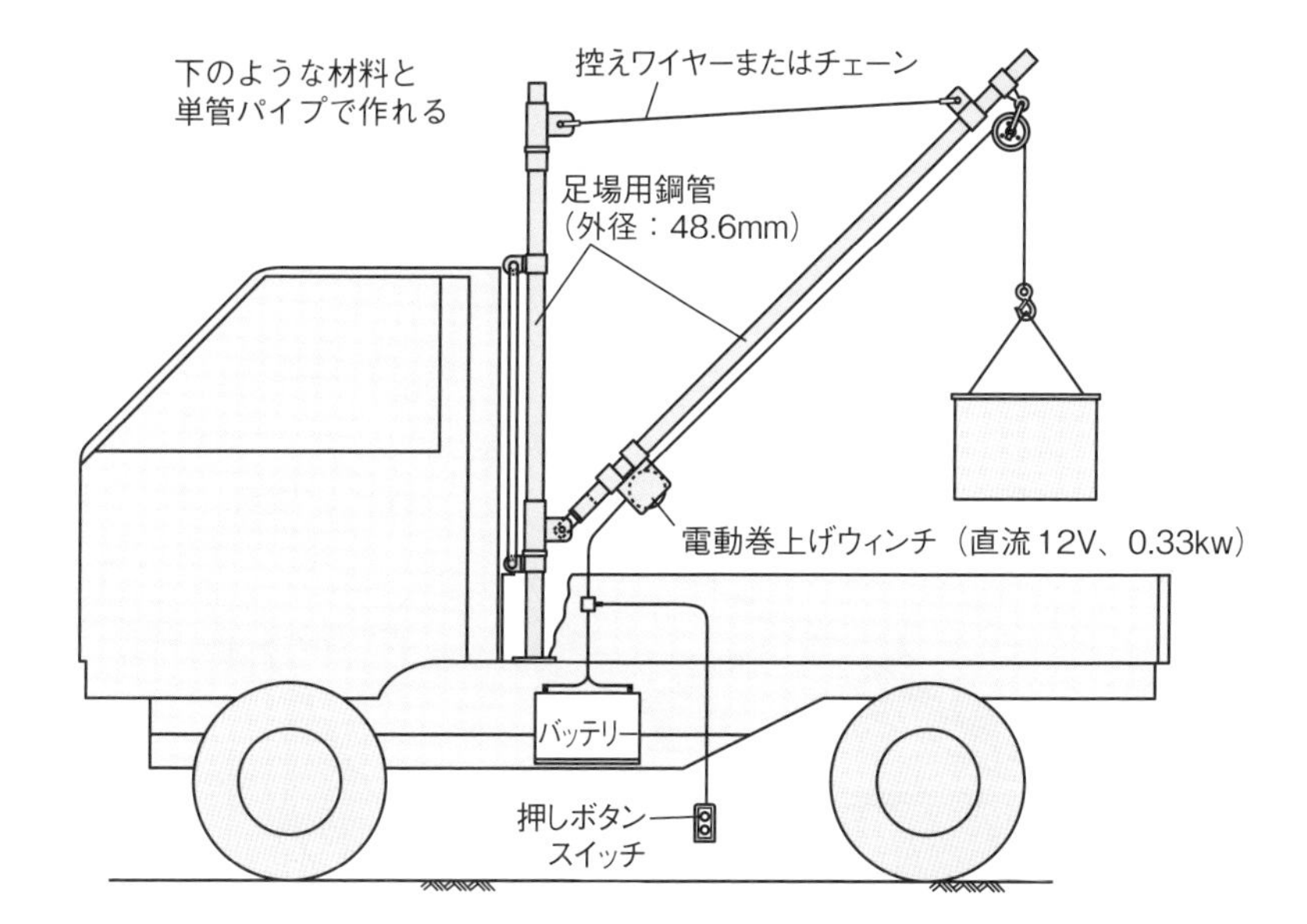

材料

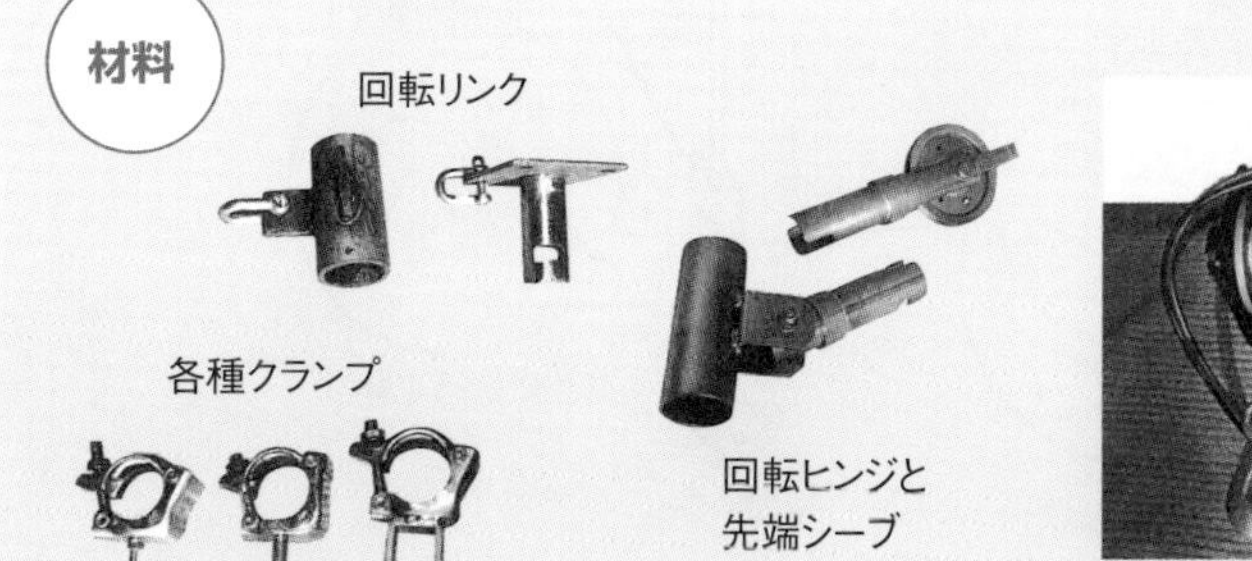

直流12V電動ウィンチ（T-1500）
0.33kW、作業能力：最大680kg、ワイヤーは4mm×7.6m

足場パイプで小屋を建てるときの注意点

●編集部

かゆいところに手が届く、自由度の高い足場パイプの小屋作り。なんでもできる分、注意すべきこともある。

77ページの多目的倉庫や小屋を作った初山正己さんは「何よりも注意してほしいのは建築基準法などの法律。足場パイプであっても広い小屋であれば『建築物』として役場などに確認申請が必要だが、10㎡以内のものは不要とのこと」といっている。また、90ページの鶏舎を作った川尻哲郎さんも建てるときのポイントの中で「建築基準法の遵守」といっている。

原則として、建築基準法の確認申請は必要であるが、自治体や条件によっては必要ないこともある。各自治体の確認申請が必要かどうかは、①小屋を建てる場所、②小屋の面積、③小屋の構造（屋根と壁もしくは柱があって、基礎などで固定されているものは原則として「建築物」としてみなされる）の3つのようだ。

①の場所については、都市計画法や建築基準法、農地法などが関わる。②、③については建築基準法が関わる。建築基準法や都市計画法は自治体の建築指導課や都市計画課へ、農地法については農業委員会へたずねると相談にのってくれる。

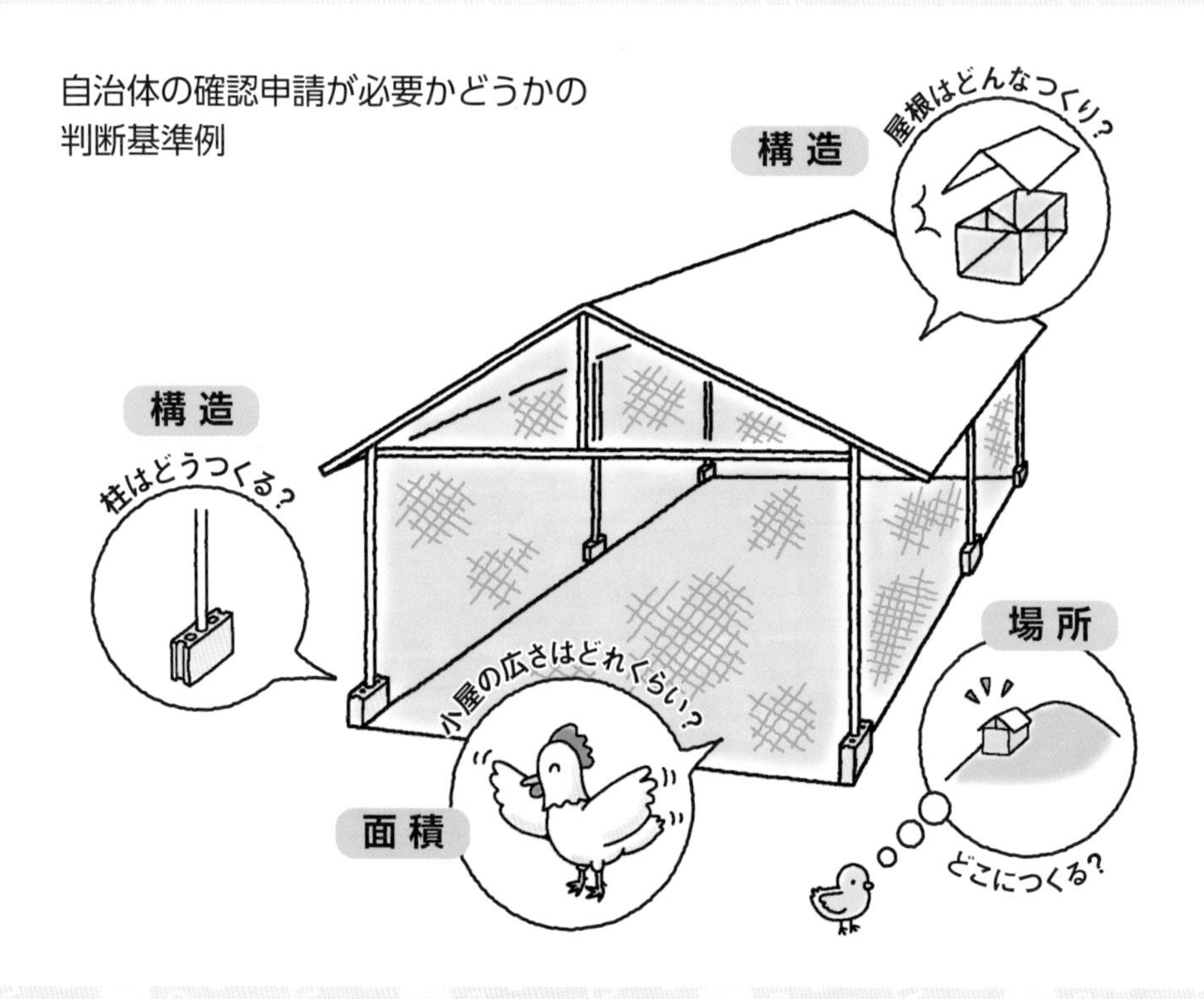

第3章
パイプで暮らしをもっと豊かに

もっと快適に過ごす

手作りの太陽熱温水器と筆者

貯蔵庫・温水器・クーラーに大活躍

千葉県鴨川市●飯田哲夫

何代前の人が作ったのかわかりませんが、わが家の井戸は、今から50年ほど前に市（鴨川市）の水道が入るまで暮らしのすべてを支えていました。牛も飼っていましたので、その飲み水にも利用されていました。井戸の間口は1m、底部は2mくらいのとっくりのような形で、深さは約6m。そこに3～4mの深さまで水がたまっています。湧水量は1日500ℓくらいと思われます。

このような井戸はどこの家にもありましたが、現在はそのほとんどが利用されていません。私は、井戸水を手作りの太陽熱温水器で温めて風呂用に使うほか、井戸の水温が、夏18度、冬15度くらいと安定していることを利用して、貯蔵庫やクーラーとしても利用しています。

冷涼貯蔵庫

ここ鴨川市でも、冬になればたまには氷も張ります、夏には35度の猛暑になります。味噌の醸成桶などを保管するには、常温よりもう少し気温が安定しているところに置きたい。そこで井戸内の空気を利用しようと考えました。しくみは至って簡単。井戸の上に

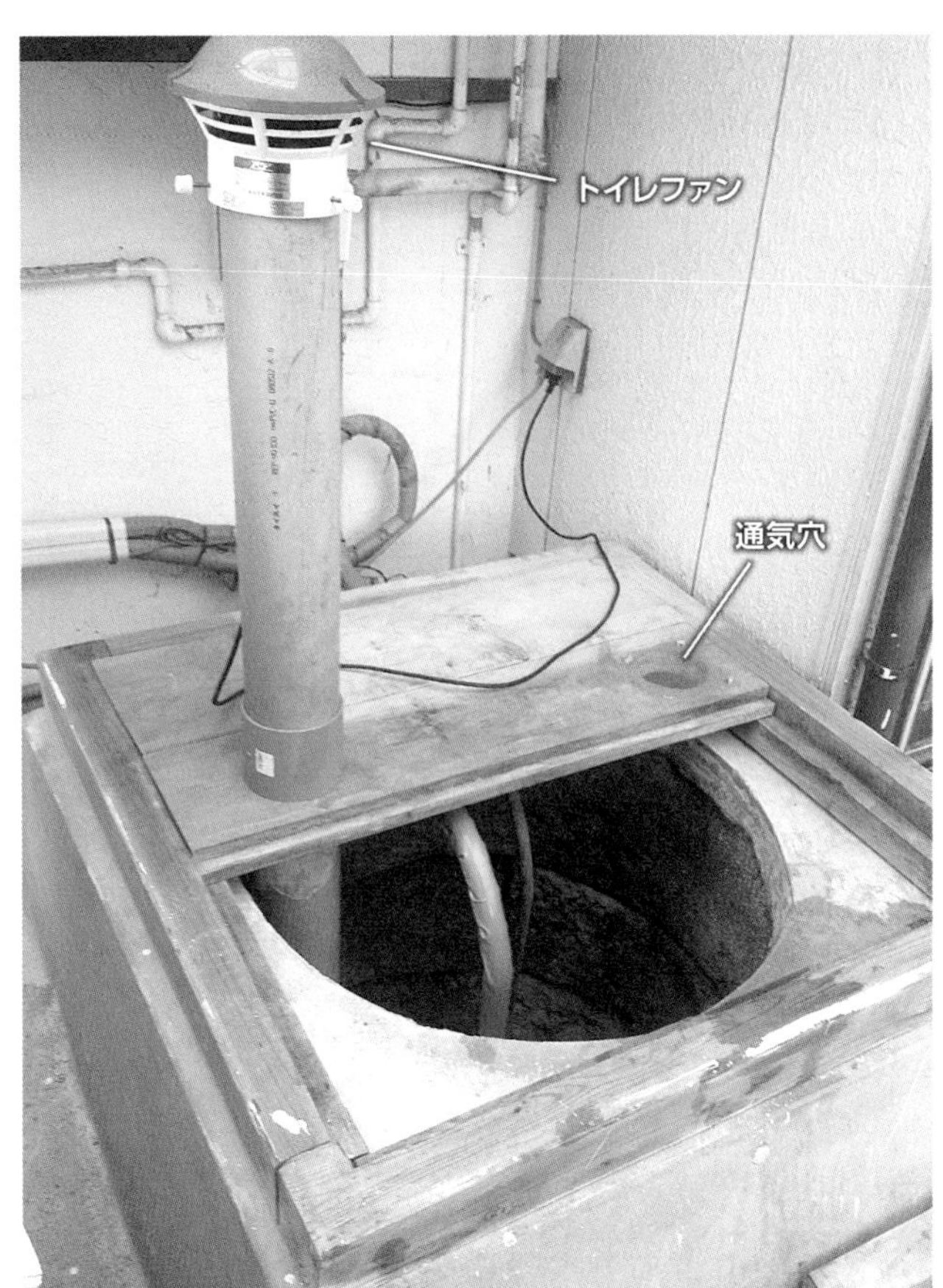

貯蔵庫の箱をはずして、井戸のフタも半分はずしたところ。トイレファンを付けた塩ビパイプ（VU100）は長さ約3m（フタの上が1m、フタの下が2m）

味噌やヌカ漬けを入れている

小さい小屋（箱）を作り、この中に井戸の空気を引き上げるしくみです。

箱は、内側に断熱材を張ったベニヤ板で作ってあります。井戸の空気を引き上げるには、上端にトイレファン（15W）を取り付けた塩ビパイプ（VU100）を利用しました。

現在は味噌とヌカ漬けを入れていますが、夏場でも25度くらいまでしか上がらず安定しており、なかなか調子がいいです。ショウガやサトイモなどを保存するにも、短期間なら冷蔵庫より湿度と温度が適しているので新鮮さが保たれます。

トイレファンは、ホームセンターで2000円くらいで買えます。使う電力は15Wくらいですので電気代も安いもの。ただ、トイレファンは吸引力が強すぎるので、もう少し弱くする方法を考えています（パソコンの冷却ファンなどのほうがいいか……）。

掘り抜き井戸のある方は、そのフタにするつもりで作ってみてはいかがですか？　冷蔵庫というよりは「冷涼庫」、冬は「温暖庫」になります。

井戸水クーラー

もうひとつはクーラー。正確にいう

と、井戸水そのものではなく井戸水の温度を利用するクーラーです。これに使っているのは、塩ビパイプではなく散水用の耐圧ホースや銅パイプなのですが、ついでに紹介します。

30年ほど前には井戸水を利用するクーラーが製品としてあったそうで、昔、農機販売店に勤めていた人が「そういうのを売ったよ。クーラーを通した後の井戸水は外に流した、あるいは井戸にジャージャーと戻した。けっこう冷えた」と言っていました。

私は、ファンコイルユニットと呼ばれる冷風機の新品中古（15年ほど前の製品だが未使用）をインターネットオークションで入手できたのでこれを使いました。ファンコイルユニットは病院の待合室の冷房などに使われてきました。もともと水を流して使用するものなので工作は簡単です。

最初は、井戸水を垂れ流しで使うつもりでした。実際に通水、通電（風を送るファンに50Wの電気を使います）してみると涼しい風が出ました。涼しいのはよかったのですが、水がもったいない。水を汲み上げるために数分おきにポンプが起動するので電気ももったいない。

飯田さんの井戸活用法

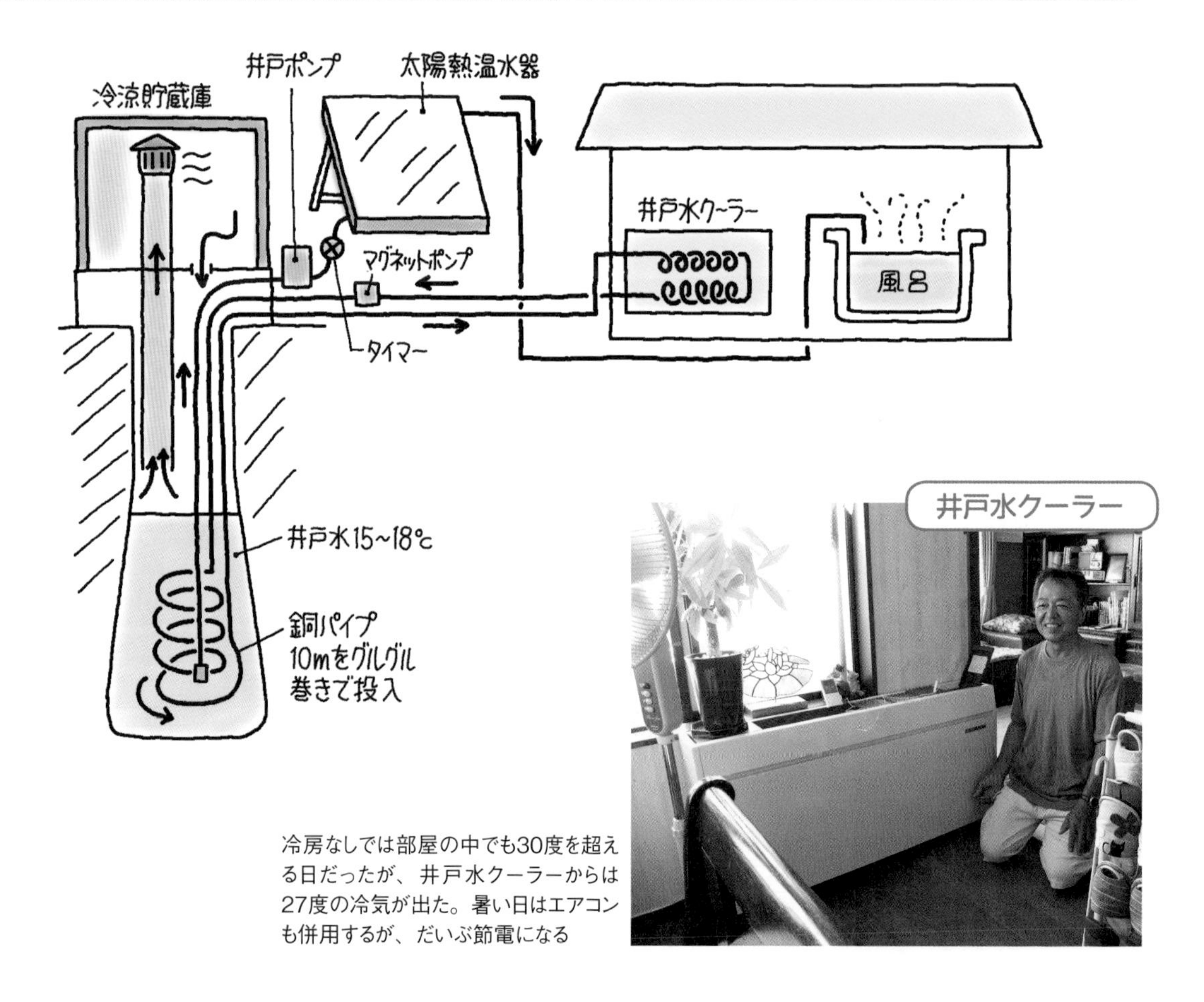

冷房なしでは部屋の中でも30度を超える日だったが、井戸水クーラーからは27度の冷気が出た。暑い日はエアコンも併用するが、だいぶ節電になる

　そこで、長い銅パイプを井戸に沈めて、井戸の冷水とファンコイルユニットで温まった水の熱交換を考えました。つまり、パイプ内に充填した水を外に漏らさず、井戸とファンコイルユニットの間を循環させるわけです。この方法だと、水を引き上げるためのエネルギーは、井戸内を水が落下するエネルギーとつり合うため、基本的にはゼロ。パイプ内を循環するときの流動抵抗分を考えればいい、という利点もあります。どれくらいの大きさのポンプが必要なのか見当がつかないまま、これもインターネットオークションで毎分10ℓ・揚程１ｍほどのマグネットポンプ（20Ｗくらい）を入手して取り付けてみるとうまくいきました。

　この方法でも涼しい風が出てきます。ただし、当初、水をジャージャー流したときよりは冷えが悪い。「井戸に入れた銅パイプをケチらず20ｍにすればよかったかな」などと考え、思い切って更に20ｍ追加。よく冷えるようになりました。

塩ビ管利用太陽熱温水器のしくみ

太陽熱温水器のしくみ。タンクは塩ビパイプ、架台は足場パイプ。夏は60度まで上がる。デジタル式タイマー（1500円くらい）で、毎日同時刻になると湯船に一定量注水されるよう分単位で調整できる。タンクの下から水を入れ、上からお湯を押し出すしくみで、温められた温度の高い部分から使うことができる。タンクの容量は250ℓなので風呂（200ℓ）には十分。

井戸ポンプで下から水を入れ、上からお湯を押し出す

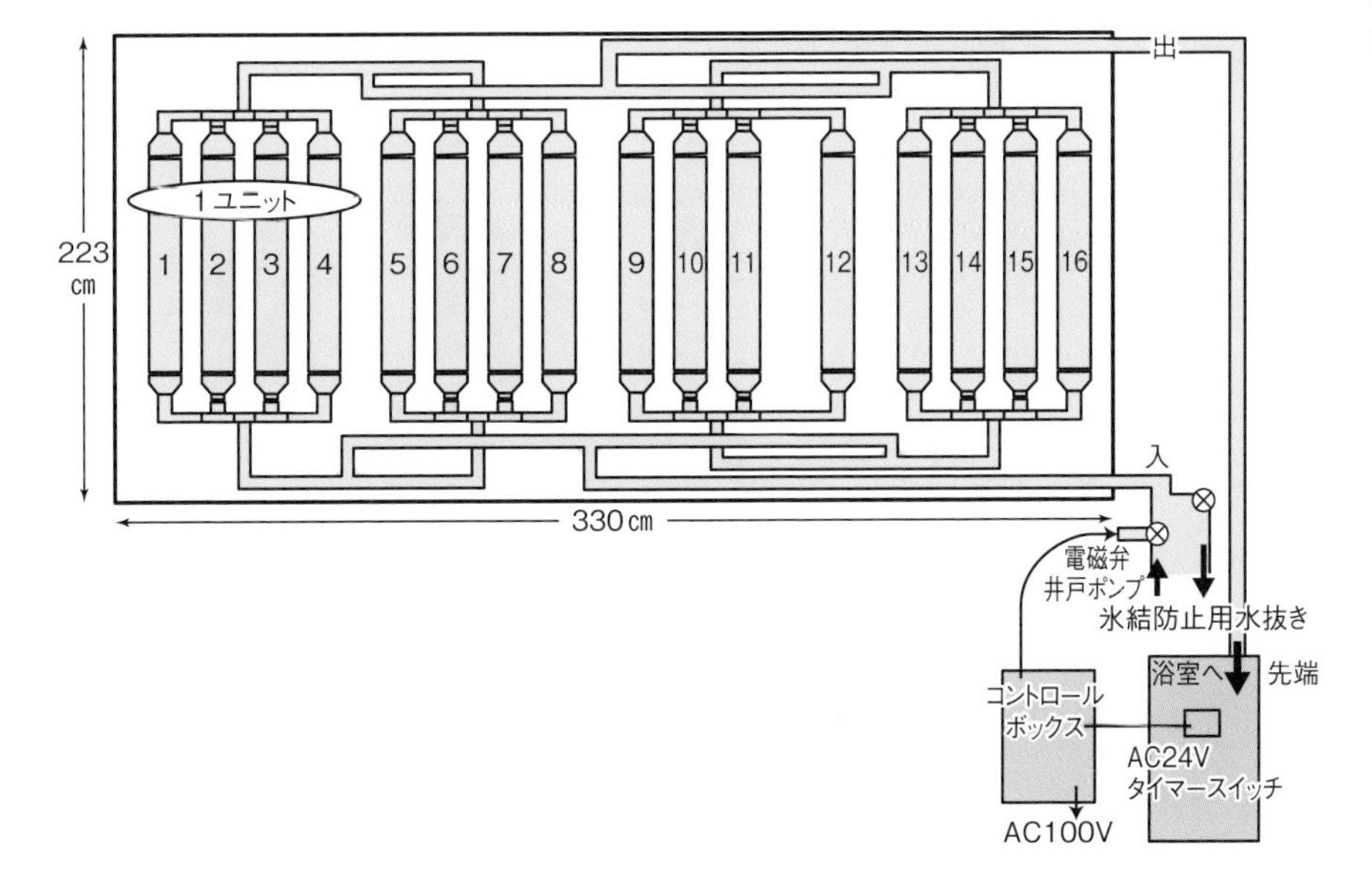

一日足らずで掘れた！
水圧利用の井戸掘りで畑のかん水

愛媛県今治市●曽我部昌紀

自分で井戸を掘りたい

愛媛県今治市にある「そがべ花園」の曽我部昌紀です。600坪の圃場で花苗・多肉植物・野菜プラグ苗（セル苗）を年間約24万ポット生産しています。

年末に生産するポット葉ボタンを量産するため（約3万ポット）、7年前に田んぼ1反を露地圃場にして、スプリンクラーによるかん水施設を設けました。

この圃場の近くには古い井戸があったのですが、いざ水を出そうとすると、砂で埋まっていて使うことができませんでした。業者に頼めばかなりお金がかかります。資金的な余裕もなく、自分で掘ることができないかと考えていたときに、近所で井戸掘りの本を出している曽我部正美さんがいることを知りました。すぐに訪ね、簡単な井戸掘りの基本を教えていただいたのが、自分で井戸を掘るきっかけとなりました。

拍子抜けするくらい簡単に掘れた

やり方は、動力ポンプを使って噴き出す水の水圧を利用するものです。子供の頃に砂遊びをしながら蛇口に繋いだホースの水で穴を掘ったことを思い出しました。ただ、これで井戸が掘れるのか不安な気持ちもありました。

いざ掘ってみると、意外に簡単に掘れてしまい、拍子抜けしたほど。1日足らずで、豊富な水があふれ出す井戸が掘れたのです。

500ℓのタンクに水を溜め、その水をポンプで流し込んで掘っていったのですが、タンク1杯分の水が2分程度でなくなってしまうので、3〜4回は水を溜め直しました。流し込んでいる間は穴から水が噴き出してきます。もう全身ずぶ濡れ状態。秋で涼しく、水を溜めるときに待っている時間は寒くて辛かったです。

しかし、井戸から水が出たときは、定植間際になっていた葉ボタンのプラグ苗が植えられるという安堵感でいっぱいになりました。

この方法での井戸掘りの楽しさは、井戸枠になるパイプが水の力で想像以

筆者と妻。花苗などはハウスで直売するほか、地域の直売所や園芸店などにも出荷

井戸の内側に入っている長さ4mの塩ビパイプを持ち上げたところ。水圧を使えばこの長さを簡単に掘れる

井戸掘りに使ったもの

塩ビパイプ3本（径40㎜4m、径40㎜1m、径75㎜4m）
サクションホース1本（径40㎜2m）
ビニールホース1本（径50㎜5m）
ホースカップリング4組（径40㎜）
TSバルブ用ソケット3個（径40㎜）
ホースバンド4個
ストレーナー1個（濾し器）
タンク1つ（500ℓ）
動力ポンプ（ヤンマーディーゼルエンジン3.8馬力、テラダセルプラVベルトポンプ　最大吐出量300ℓ/分）

上にズブズブと地面に入っていく爽快感と、頭から被る水しぶきの豪快さではないでしょうか。暑い夏に作業することをおすすめします。

道具はホームセンターで揃う

以下は、私のやり方です。使った道具は右上のとおり。動力ポンプを除けば、どれもホームセンターで安く入手できるものばかりです。合計で1万円もかかりません。動力ポンプは近所で古いものを譲っていただきました（念じていれば入手できるようです）。

下準備としては、まず径75㎜・長さ4mの塩ビパイプ（以下、パイプ）の底のほうにドリルで小さな穴をたくさんあけます。これがいわゆる井戸枠となり、井戸の完成後は、この穴から地下水が入ってきます。

次に動力ポンプの吸水口にサクションホースを取り付け、その先に径40㎜・長さ1mのパイプを繋ぎます。これを500ℓのタンクに入れ、掘るときに必要な水を吸水します。動力ポンプの吐出口にはビニールホースを取り付け、その先に径40㎜・長さ4mのパイプを繋ぎます。これで準備完了。

塩ビパイプに水を入れるだけ

いざ井戸掘り開始です。最初はハウスの基礎作りなどに使う手動の穴掘り器で、地下50㎝～1mくらいまで下穴を掘ります（砂の層まで）。その穴に井戸枠となる径75㎜のパイプを差し込んで固定します。次にポンプの吐出口に繋いだ径40㎜のパイプを、径75㎜のパイプの中に底まで差し込み、ポンプのエンジンを始動して勢いよく水を出します。

穴の底で噴き上げられた砂が水と一緒にパイプの上部にも噴き出してきま

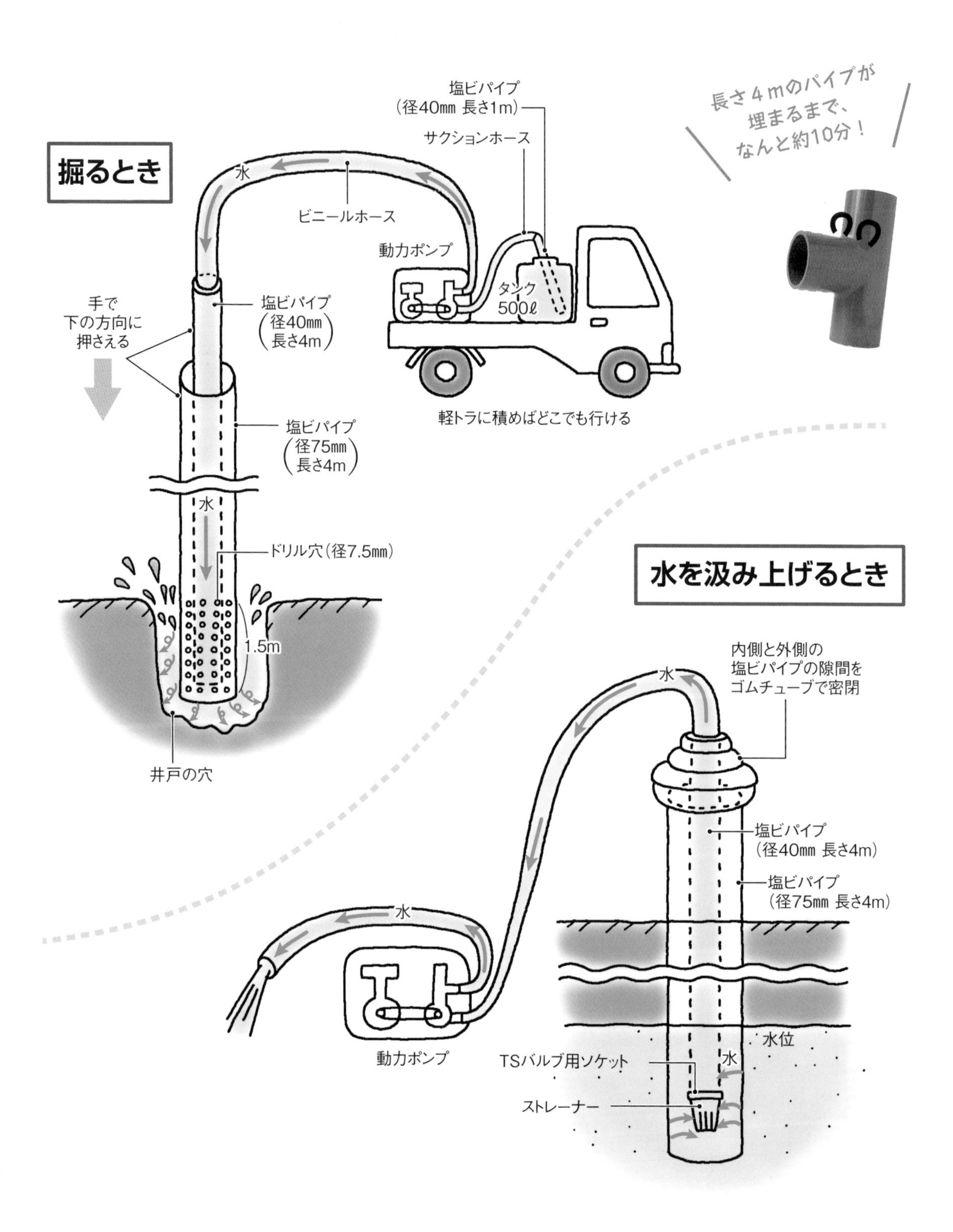
掘るとき
塩ビパイプ
（径40㎜ 長さ1m）
サクションホース
水
ビニールホース
動力ポンプ
タンク
500ℓ
軽トラに積めばどこでも行ける
手で
下の方向に
押さえる
塩ビパイプ
（径40㎜
長さ4m）
塩ビパイプ
（径75㎜
長さ4m）
水
ドリル穴（径7.5㎜）
1.5m
井戸の穴
長さ4mのパイプが
埋まるまで、
なんと約10分！
水を汲み上げるとき
内側と外側の
塩ビパイプの隙間を
ゴムチューブで密閉
水
塩ビパイプ
（径40㎜ 長さ4m）
塩ビパイプ
（径75㎜ 長さ4m）
水
動力ポンプ
水位
水
TSバルブ用ソケット
ストレーナー

井戸の外観。水を汲み上げるときは、外側と内側の塩ビパイプの隙間をゴムチューブで塞ぐ。塩ビパイプとホースの繋ぎにはホースカップリングなどの留め具を使う

井戸水の汲み上げに使っている動力ポンプ。掘ったときはディーゼルエンジンだったが、現在はモーターエンジンに替えた。ポンプの奥に見えるのが井戸

自分で掘った井戸の水で、約1反、81個のスプリンクラーからかん水できる

す。と同時に、パイプがズブズブと沈みます。このとき、外側と内側のパイプの両方に体重をのせるように下に力を加えると、パイプが早く沈みます。

タンクに水を溜める時間を除けば、長さ４ｍのパイプが下まで埋まるまでは正味10分ほどだったと思います。

パイプの頭が地上30㎝ほど出たところまで沈んだら、内側のパイプを取り出し、底にストレーナ（濾し器）を取り付けます。そしてこのパイプをポンプの吐出口から吸水口に繋ぎ直し、今度は地下水を汲み上げます。巻き上げられた砂と一緒に水が出てきます。農業用水ですので、ある程度水がきれいになるまで出せば完成です。

足元には水がたくさんある

水を汲み上げるときに注意するのは、外側と内側のパイプ上部の隙間をゴムチューブで塞ぐこと。外から空気が入ると汲み上げにくくなるからです。

また、パイプは立たせた状態で埋めていくわけですが、最初は長さが４ｍあるので押さえるのが大変でした。そこで、三脚を２台使って間に板を渡し、足場を組むなどの工夫をしました。

私の住んでいる富田地区は、すぐそばに頓田川があり、60㎝も掘ると砂地となって伏流水が染み出してくるという好条件に恵まれています。石や岩などが多いところは、この方法が適さない場合もあるでしょう。でも昔から井戸があるようなところなら、掘ってみる価値はありそうです。

最初は自分で井戸なんか掘れるのかと思っていましたが、やってみるものです。普段は意識しない地下の水脈を想像するのも楽しくなりますし、足元には水がたくさんあるんだなということを実感します。

塩ビパイプのスピーカの世界へようこそ

千葉県館山市●谷古宇賢一

農業用水などにも使われる塩ビパイプ。安価で軽く、耐久性もあり、いろんな用途で使用している方も多いと思います。塩ビパイプスピーカーもそのひとつ。

自作スピーカーといえば、通常は木で作るのですが、いろんな道具や工作技術が必要になります。もっと簡単に自作スピーカーを作る材料はないかな？　で、ホームセンターで見つけたのが塩ビパイプ。

これならパイプの長さの調節や接続部品の工夫で簡単に自作スピーカーができる。そう思ったのが、塩ビパイプスピーカーを作るきっかけでした。比較的簡単にできてしまうので、いつの間にか本数が増えてしまい、ホームシアター用にも使用しています。

塩ビパイプスピーカーを初めて作った頃に「集まれ塩ビ管スピーカー」という各自が作ったスピーカーを紹介する投稿型のサイトも立ち上げました。

作り方など興味がある方は「集まれ塩ビ管スピーカー」（http://www.enbisp.com/）をぜひご覧ください。一緒に塩ビ管スピーカーを作って、暮らしとエコに役立てて楽しみましょう！

塩ビパイプスピーカー

塩ビパイプスピーカーの構造（編集部作成）

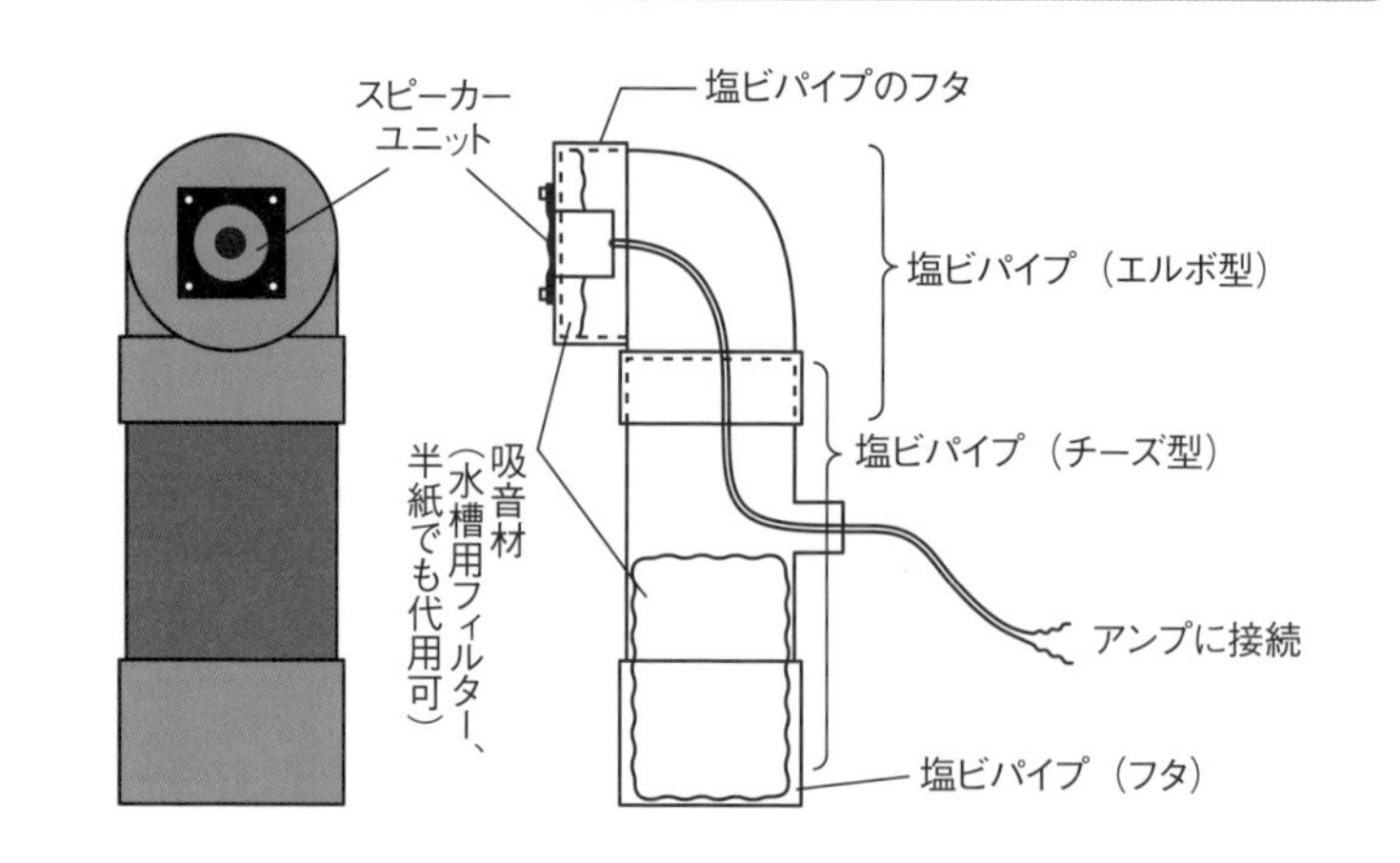

イネの掛け干しパイプで緑のカーテン

宮崎県都城市●津曲利幸

わが家ではイネの掛け干し用パイプで庭にグリーンカーテンを作っています。

庭のテーブル石を中心に棚を作り、四方からミニトマトとゴーヤー、インゲン、ミニスイカ、アサガオなどを組み合わせて植えると、天井部まで十分這いまわり、いろいろな作物でグリーンカーテンができます。真夏にはここで孫たちと食事をし、トマトを直接もいで食べます。棚の柱部分に竹灯籠を灯すと、落ち着いた雰囲気の中で食事ができます。

パイプは地面に埋め込んだ塩ビパイプに差し込むだけなので、秋にはぜんぶ抜き取って田んぼに移し、イネを掛け干しします。

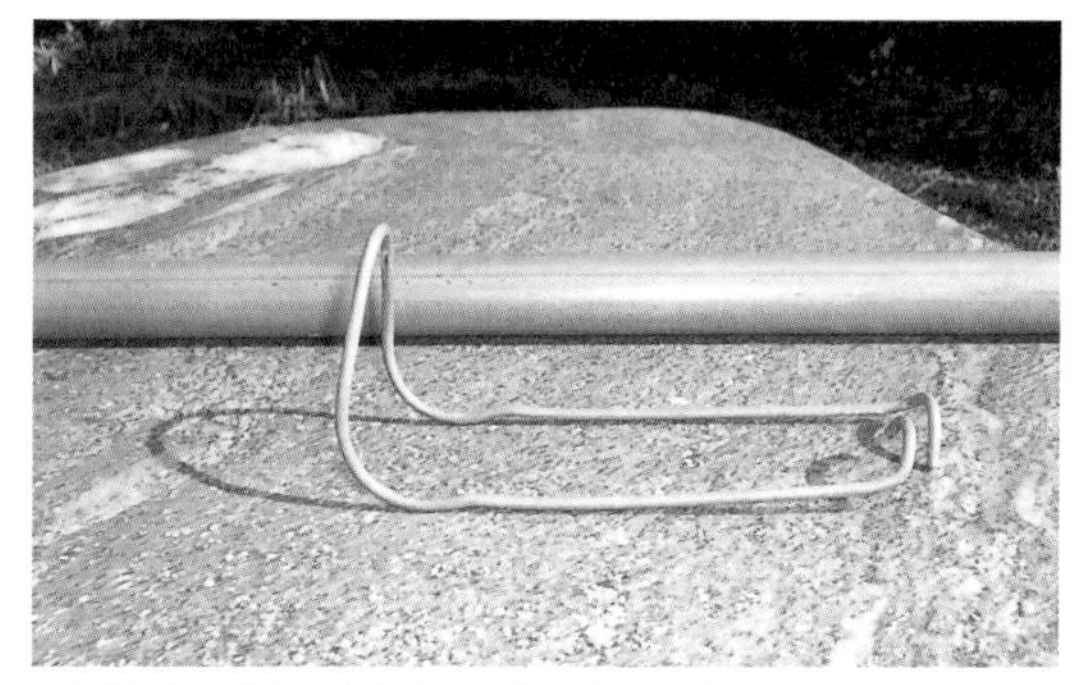

イネ掛け干し用パイプ（25㎜）と留め金具

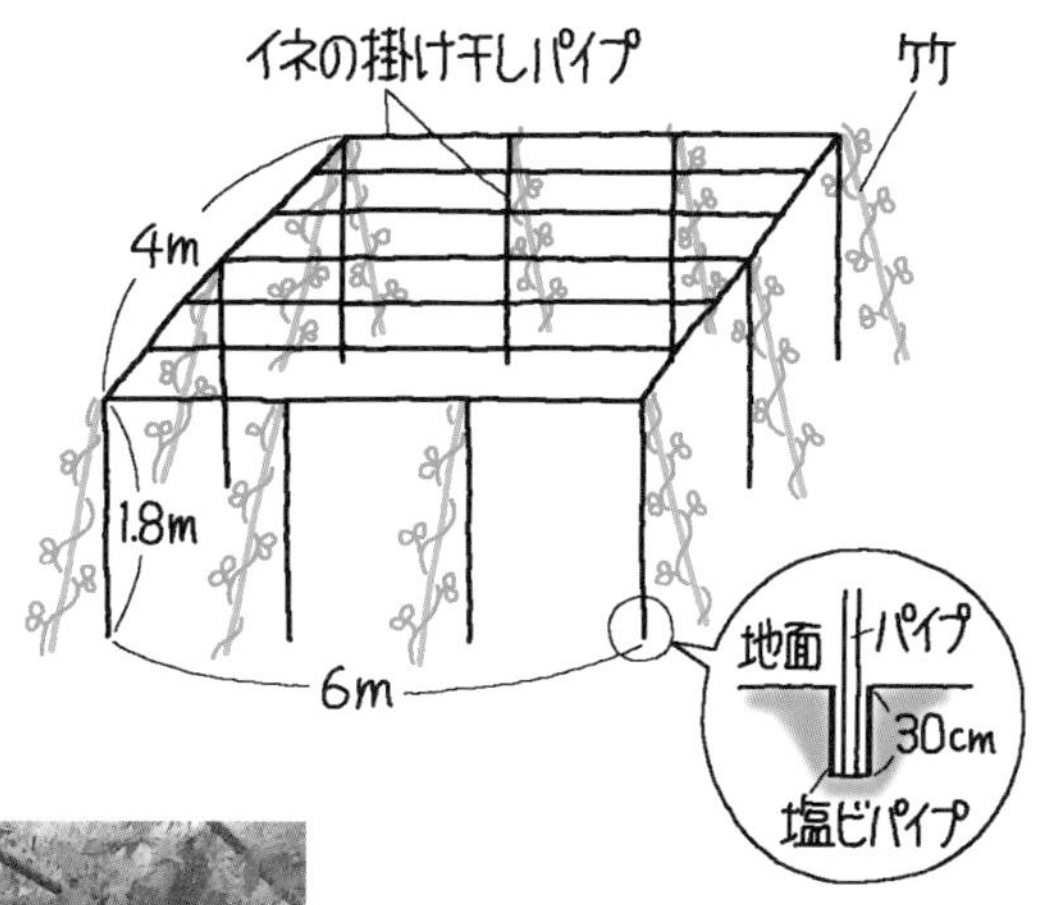

棚の高さは1.8ｍ。パイプはすべて4ｍなので、実際の支柱は上に飛び出している。6ｍのところはパイプを２本つないでいる

庭のテーブル石を中心にして棚を作っている。ゴーヤーなどを這わす竹は枝付き。さらに横にも4段、竹を組んでいる

改良版！
生ゴミ急速分解コンポスト

長野県諏訪市●宮阪菊男

❶フタ付きポリバケツで一次発酵

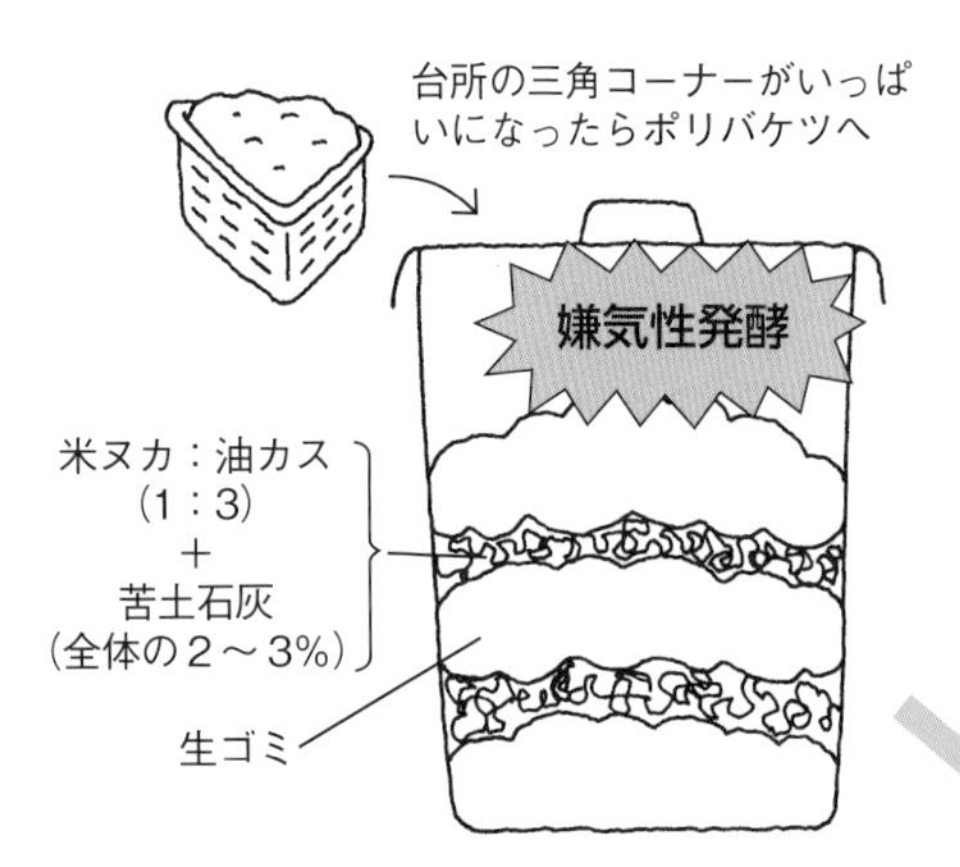

まずポリバケツ内で嫌気発酵（米ヌカや油カスはパラパラ程度）。においがきつくなってきたら右下のコンポストで好気発酵

空気の流れをよくしたことで生ゴミが急速分解するコンポストの改良版を製作しました。改良点のひとつは、コンポストの底から入り込んで通気性を悪くする原因になるモグラ・ネズミよけにタマネギネットを敷いたこと。コンポスト内に細かい虫が入って繁殖したときは、濃いめ（20～25%）の砂糖水をかけると温度が上がって死ぬこともわかりました。

❷空気の流れをよくしたドラム缶で二次発酵

吸気口や排気口に被せるネットは、24メッシュの網戸の切れ端。両面テープを巻いた上に被せると取り付けやすい。その上を結束バンド（黒色のものが劣化しにくい）で止める

ドラム缶の周囲はアルミホイル、エアマット、黒マルチの順に覆って保温

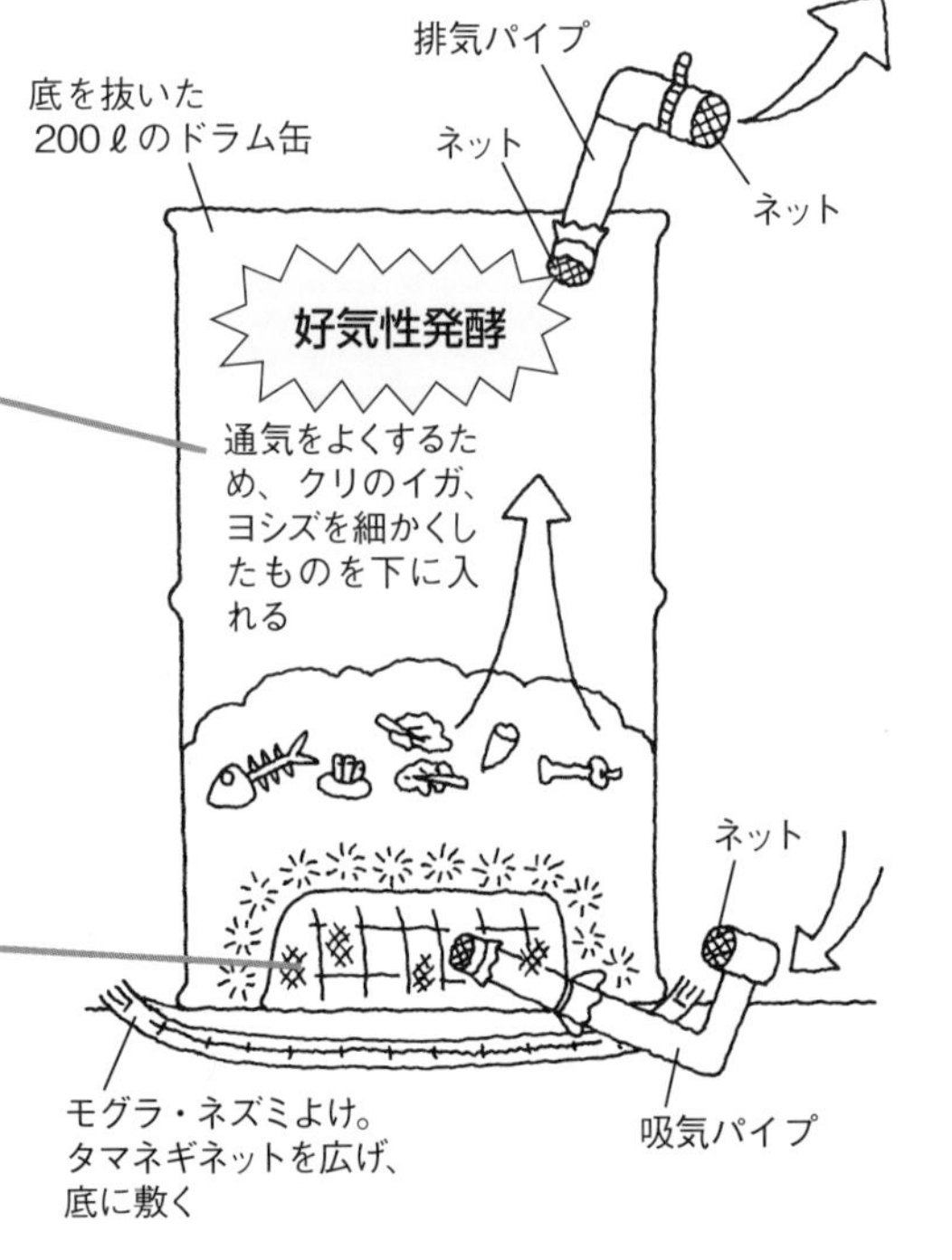

通気室は、ステンレスの食器水切りカゴにタマネギネットを被せ、その中に吸気パイプを突っ込む

やっかいものを退治する・よせつけない

塩ビパイプのネズミ捕りと、捕れたネズミ（矢印）を見せる星次男さん
（写真はいずれも赤松富仁撮影）

ひとつで5匹も捕れる！塩ビパイプのネズミ捕り

福島県会津美里町●永井野果樹生産組合の皆さん

ひとつで5匹も捕れる!?

塩ビパイプとチーズ（T字管）でひと冬に7匹もネズミが捕れた。そんな驚きのネズミ捕りをぜひ見てみようと、4月の雪解けの頃、発信源である福島県の会津美里町におじゃました。

取材に協力してくれた小島忠夫さんたちは永井野果樹生産組合の仲間。20年も前に、8人くらいで材料をまとめ買いしてこれを作った。しばらく使ってなかったが、被害が増えてきた最近、また使い始めたのだという。

この日は、仲間の星次男さんのネズミ捕りを取り出してみることに。結果はご覧のとおり、ひとつで5匹捕れているものがあり、合計3つで7匹捕れていた！

乾いたワラによりやすい!?

小島さんによると、仕掛ける時期はいつでもいいが、**イネ刈りがすんで材料のワラがとれてから雪が降るまでの間がベスト**。雪が解け始めた頃にパイプを取り出すと捕れていることが多いという。場所は苗木のそばと土手。人が動くとネズミは土手に逃げるみたいで、土手に近いほうに多めに仕掛けて

星さんの畑では、おもに土手に仕掛けてある（矢印）。
100mで3つくらい

拡大すると……

ビニール
ワラ
水

ネズミ捕りの入り口。塩ビパイプの上に乾いたワラをかぶせ、濡れないようにさらにビニール（肥料袋）をかけている。中に水を入れることで、落ちたら上がれないしくみ

ビニールとワラを取ったところ。ちょうどT字型パイプのヨコパイプだけが土の中から頭を出すように埋めてある。抜いて、タテパイプをはずせば捕れたかどうかが確認できる。このあと水を捨て、パイプを洗ってまた秋まで仕掛けておく

同じ仲間の大竹邦弘さんは、苗木のそばに古タイヤを置いてクスリで誘殺する方法も試している。草刈りのときにモアで乗り上げないよう棒を立てておく

いる。

　さらに小島さん、ネズミはパイプがいちばんよく捕れると聞いたことがあるが、そこにワラをかぶせてビニールもかけるとなおよりやすいという。ビニールだけではダメ、ワラが濡れていても入らないそう。乾いたワラに巣を作るせいではないかという。

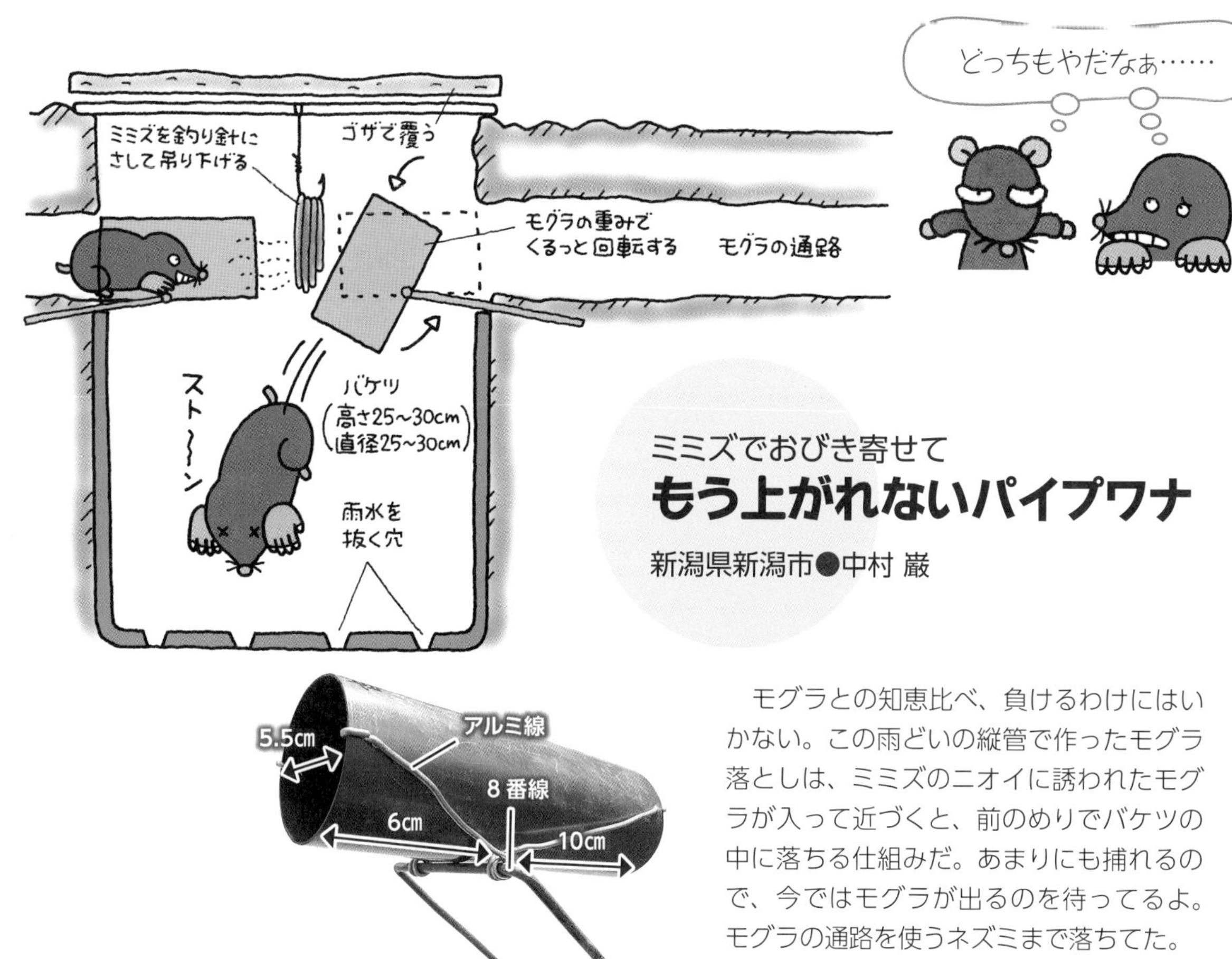

ミミズでおびき寄せて

もう上がれないパイプワナ

新潟県新潟市●中村 巌

モグラとの知恵比べ、負けるわけにはいかない。この雨どいの縦管で作ったモグラ落としは、ミミズのニオイに誘われたモグラが入って近づくと、前のめりでバケツの中に落ちる仕組みだ。あまりにも捕れるので、今ではモグラが出るのを待ってるよ。モグラの通路を使うネズミまで落ちてた。

オレンジ味ガムで

ネズミもモグラも逃さないパイプワナ

和歌山県有田川町●玉木啓雄

モグラの道を見つけたら、図のようにバケツを埋めて、雨どいを針金で地面に固定します。多いときには1カ所で22匹も捕れたことがありましたが、ダメなときもあります。

ポイントは15cmの雨どいで支点の位置を2：1にすることと、モグラがよく通る深いところの道を探すことです。**2月半ばから梅雨時期まで**はよく捕れます。

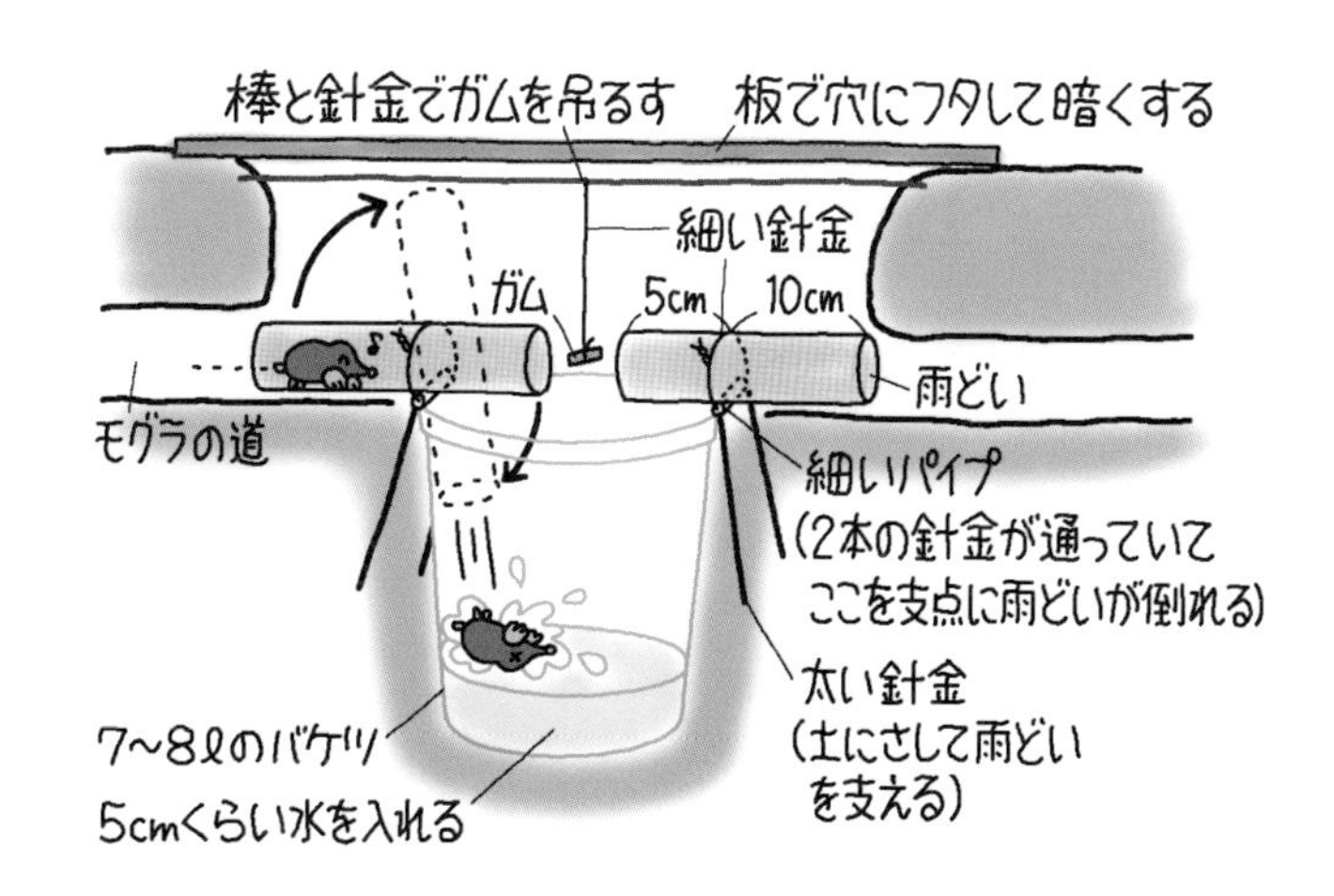

筒に入ったら戻れない！
パイプトラップ

静岡県川根本町●小田文善

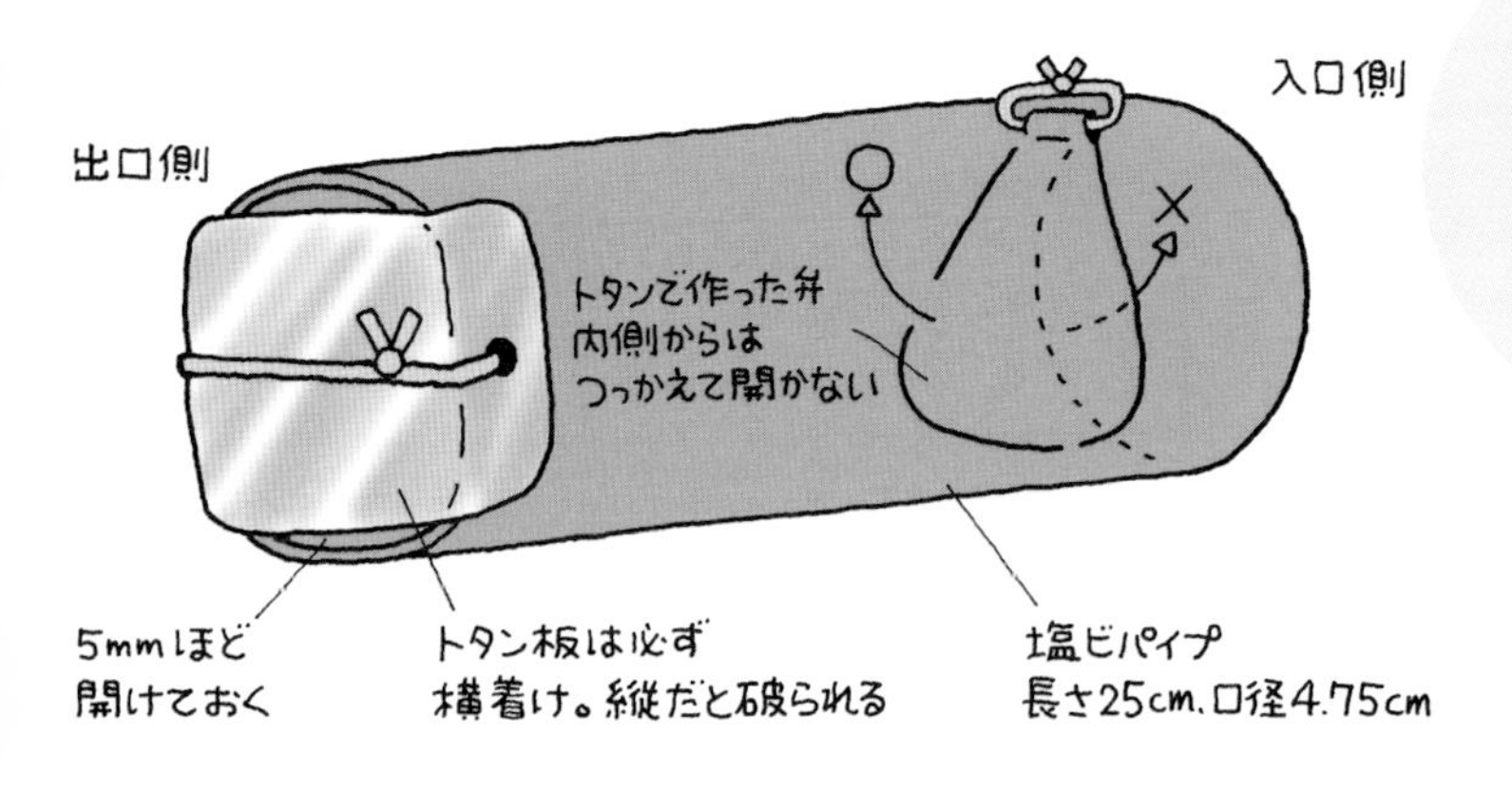

このワナは、地面にポッカリと開いているモグラ穴に図のように差しこむ。穴を掘って土の中の通り道に仕掛けたりはしない。ワナの出口側3分の1が地上に出ているほうがモグラがとれる。パイプに入ったら最後、入口の弁が内側からは開かないので逃げられない。

モグラ穴は道路側の斜面に多いが、畑をよく探せば他の場所でも見つかる。ワナは穴の角度に沿って軽く差しこめばいい

電気柵の設置を楽に
電線張り器と巻き取り器

大阪府能勢町●星庵幸一さん

自称、横着人間・星庵さんは、ラクを求めて塩ビパイプで田んぼを囲う電気柵の電線張り器を、足場パイプで電線巻き取り器を作った。

電線張り器は持ち歩くので、コンパクトで軽い塩ビパイプを使う。持ち手にも塩ビパイプをはめて持ちやすくしたり、絶対にリールが落ちないようにストッパーを付けた。巻き取り器のほうは地面に置いて安定させるために鉄筋と足場パイプを使う。両手を使ってきれいに電線を巻き取れる。

電線張り器

持ち手に付けている塩ビパイプが回転して持ちやすい

塩ビパイプの筒の先端の穴に棒を差し込むとリールが落ちない

電線巻き取り器

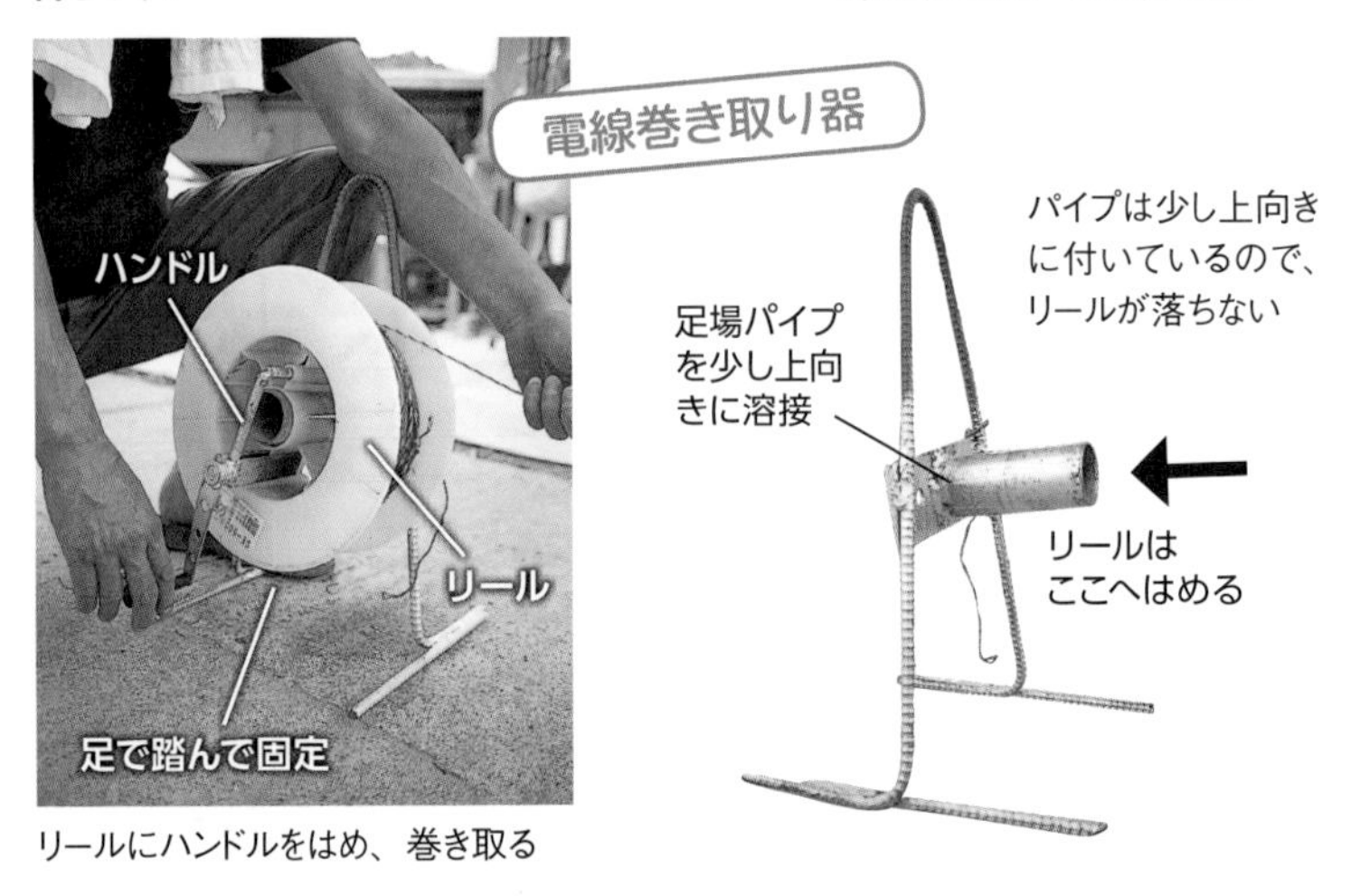

リールにハンドルをはめ、巻き取る

直売・加工に

これも塩ビパイプの仲間!?

雨どいで半月形のもち

福島県湯川村●小林幸夫

半月形のもちの秘密

すいぶん昔のことになりますが、福島県葛尾村との交流会があり、そのときに私がふるまった丹波黒のエダマメが大変おいしかったそうで、後日、お礼としてもちを送っていただきました。

そのもちは未だに見たことのない半月形でした。どのようにしてこんな形になるのかと不思議でなりませんでした。時が過ぎ、テレビで葛尾村の凍みもちづくりが放映されているのをたまたま見ました。それがあの半月形のもちだったのです。そのとき、「えっ？雨どい」と、あの形の理由が初めてわかった次第です。

取り粉いらずでカビにくい

ではさっそくマネしてやってみようと、町に出て、雨どいを1本買い、もち箱に3本納まるように雨どいを糸鋸で切断しました。塩梅よくでき、満足感にひたったことを覚えております。

とにかく使ってみなくてはわからないと、もちを搗き、雨どいにちぎり入れてみました。まだ温かく軟らかいもちを雨どいに入れると、表面をへらで撫でなくても平らに伸びます。

雨どいの表面はサラサラで、もち離れがいいです。取り粉の片栗粉を使わなくてもいいので、カビの出方も遅いです。

もちの上に新聞紙をかけ、台所に置いておくと、夏場は3〜4日、冬場は1週間ほどたちますと、もちが硬くなります。硬くなれば箱から雨どいを出し、もちを外して適当な大きさに切ります。まだ軟らかいうちですと、包丁に粘りついてうまく切れません。

防腐剤を使用するなら別ですが、長く保存するには冷凍するとよいでしょう。

美しい半月形の雨どいもち

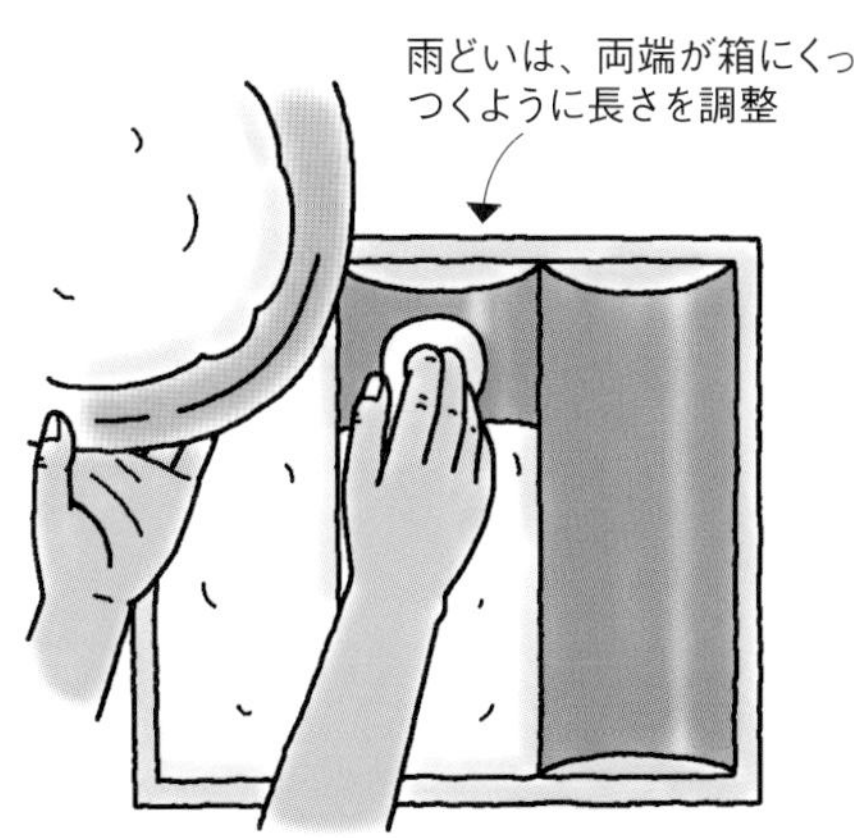

長さ 26㎝、幅 12㎝の雨どい３本だと、３升のもちが入る

10倍売れる!?

足場パイプでダイコン販売

おうみ冨士農業協同組合●川端 均

風にも強い足場パイプで

農家が丹精込めてつくったダイコンを、どうしたら売れ残りがなく販売できるか、直売所スタッフで検討しました。もともと農村では畑や作業小屋、家屋の軒下にダイコンを吊るしていたことを思い出し、干して売ることにしました。「お漬物が作りたいけどダイコンを干せる場所がない」「ダイコンをつくることができなくなったけど、タクアン漬けは自分でしたい」というお客様もいるはず。干したらもっと売れるかもしれない…。

最初は店内で竹を組み上げて干したのですが、店内は土間ではなくコンクリートで、エアコンを使っていて自然乾燥が困難であることから、店外に移しました。しかし店外では風で竹がしなり、安定性を欠くため、スタッフからの提案により、「足場パイプでダイコン干し販売」をすることになりました。

タマネギも吊るす予定

その結果、意外なことに気づきました。ダイコンの購入はふつう、1回に多くて2～3本ですが、漬物用として干して売ると1回に20本、30本も買っていく方がいらっしゃるのです。

「今はダイコンを栽培していないけど、昔はよくダイコンのお漬物を作ったのよ」「干したダイコンがあれば、お漬物を作るわ」とおっしゃるお客様に大変好評です。

足場パイプで干し場を作ったことで、2段階の販売が可能になりました。葉のついた漬物用ダイコンは、店内で売れば新鮮な葉が喜ばれます。万が一売れ残っても、数本を束ねて店外でパイプに吊るして売れます。

昔の農村風景をイメージしながら販売することで、地域の農産物に地域の文化が多少は乗せられたのかなあ…と思っています。

今度は漬物用の樽も販売しますね(笑)。タマネギも足場パイプで吊るし販売する予定です。

店内で竹を使って吊るし販売していたときの様子。今は店外で足場パイプを使う

第4章
名人が教える パイプのあれこれ

もっと知りたい！

教えて 塩ビパイプ名人・足場パイプ名人

聞いた人 飯田哲夫さん（塩ビ） 松田康博さん（足場）

編集部

塩ビパイプ・足場パイプは溶接などの特別な技術は不要で、組み合わせ自在というとても便利な資材だ。自分もぜひ使ってみたいと思う人は多いだろう。では実際にやろうとしたときに、長さも、ジョイントもさまざまある中で、どれを買ったらいいのだろうか。またパイプと合わせてほかにどんなものが必要なのだろうか。そもそもどこでどうやって買うといいのだろうか。

太陽熱温水器や井戸水クーラーを作った塩ビパイプ名人の飯田哲夫さん（102ページ）と、牛舎やスタンチョンを作った足場パイプ名人の松田康博さん（82ページ）にパイプ初心者へのアドバイスを聞いてみた。

塩ビパイプ編 ――飯田さんに聞く

資材・道具

Q 材料や道具はどこで買えばいいの？上手に買うコツってある？

A ホームセンターでだいたい手に入る。長いパイプを購入したほうがお得。

ほとんどの材料は地元のカインズホームやコメリなどのホームセンターでそろえました。パイプや異形ソケットの径にこだわるときには取り寄せることもあります。

塩ビパイプは短い１ｍから定尺の４ｍまでさまざまな長

さで売っていますが、長いものを買ったほうがおすすめ。塩ビ用のノコギリで必要な長さに切ったほうが安くなるからです。初心者でも簡単に切れますよ。

Q 塩ビパイプを使いたいと思ったときに、どんな道具をそろえたらいいの？

A 塩ビパイプ用のノコギリ、ヤスリ、接着剤の3つで十分。

難しい道具をそろえる必要はありません。塩ビパイプ用のノコギリと、切ったところを滑らかにするヤスリ、一般的な接着剤で十分です。接着剤はケチるとそこから水が漏れたりするので、たっぷり塗って使いましょう。

組み立て

Q 組み立てって難しそう……

A 接着に注意すれば大丈夫。

ポイントを押さえておけば難しいことはありません。しっかりと接着させることです。私はパイプの中に水を通す使い方をしていますが、パイプに水を通さないときも同じで、接着が密であるほど強度が増します。接着剤を塗る前に一度仮止めしてみて接合の具合を確かめてから、ポイントを押さえて接着すれば長く使えます。

Q 接着するときのポイントってなに？

A バリ（切断したときのゴミ）をとって、接着剤をたっぷり塗れば大丈夫。

接着前に仮止めしたときと、接着したときに目印をつけることが大切（12ページ）ですが、もう一工夫。バリ（切断したときのゴミ）をきれいにとって、たっぷり接着剤を使うことがポイントです。

じつは木工用のノコギリでも簡単に切れる塩ビパイプですが、ノコギリの目が粗く断面が汚くなりバリが残ると、パイプ同士の間に挟まって接着効果が薄れて水漏れの原因になります。塩ビ用のノコギリで切ったあと、断面をヤスリで磨いてバリを取り除いてから接着剤を塗るようにします。接着剤もたっぷり使います。私も塗り方が不十分で水漏れさせてしまったことがありました。

メンテナンス

Q 長く使うためのコツってある？

A 塩ビパイプの種類をうまく使い分けること。FRPで水漏れ補修するのもおすすめ。

いくつか気をつければ、意外と長持ちしますよ。使用中に熱くなる場所のパイプは耐熱用の塩ビパイプ（ＨＴＶＰ）に替えたところ、ほとんど故障もなく10年以上現役で使い続けています。

　太陽熱温水器を作ったときは耐熱用塩ビパイプがあることを知りませんでした。真夏の暑い日には温水器のお湯は60度を超えます。ある日、排水側の塩ビパイプがフニャフニャになって水漏れしてしまいました。あまりにも高温すぎて、接続部が緩んでいたのです。そこで、そのパイプを耐熱用塩ビパイプに交換したら、高温になる部分の水漏れもなくなりました。

　でも、分解して補修しにくい部分もあります。そういうところの水漏れには、ＦＲＰ（繊維強化プラスチック）の修理キットもあります。漁船の修理に使われることもあるキットです。水漏れした部分にガラス繊維の布を巻きつけ、硬化剤を混ぜた樹脂を上から塗り固めて補修します。ホームセンターで修理キットになっているものを私は買いました。

パイプ運びに便利なロープワーク
変形ひばり結び＋南京縛り

和歌山県有田川町●浦木正明さん

鉄パイプに脚立、
管理機も
グラグラさせない
結び方です

浦木正明さん

縛り方

ロープの片側を軽トラのフックに掛ける

変形ひばり結び。左側のロープが矢印の箇所で右側のロープに締め付けられてグラつかない（写真はすべて佐藤和恵撮影）

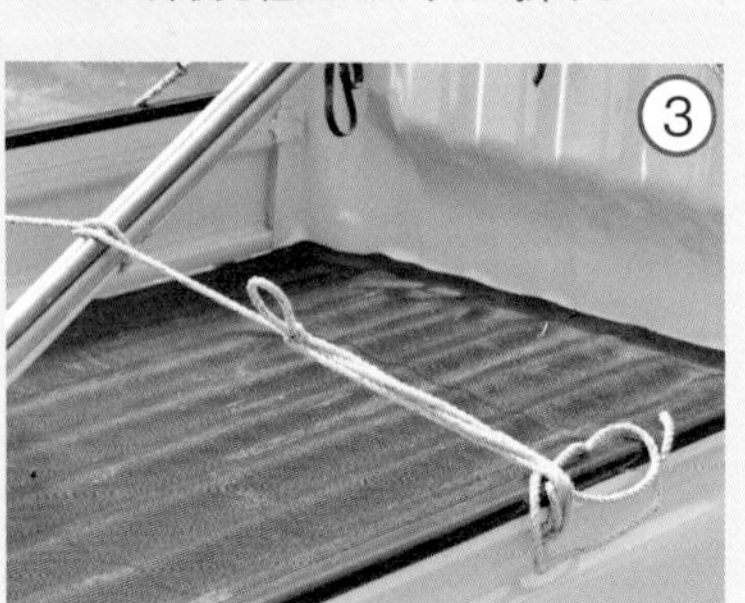

反対側は南京縛りでガッチリ固定

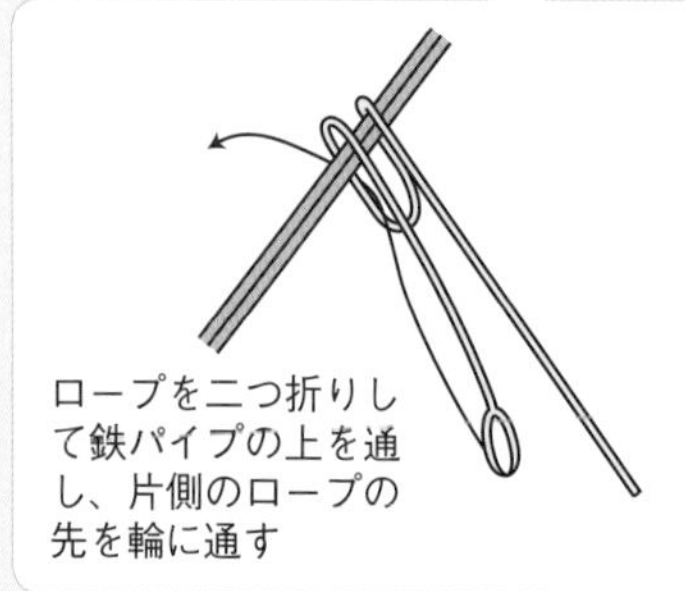
ロープを二つ折りして鉄パイプの上を通し、片側のロープの先を輪に通す

パイプに何周かロープを巻きつけただけ。上下にずれてグラグラする

足場パイプ編
——松田さんに聞く

資材・道具

Q 材料や道具はどこで買えばいいの？上手に買うコツってある？

A ホームセンターでいつでも買える。長いパイプを自分で切ったり、中古を買うとお得。

地域によって違いはあると思いますが、私の住む北海道では農協の資材部やホームセンターでいつでも手に入ります。

足場パイプの定尺は6ｍで、この長さを購入するのが単価的には一番安いです。ただ、中古の足場材もたくさん出回っているので、好みに合わせて選ぶといいですよ。私は農協の資材部で新品の足場パイプを買って牛舎（82ページ）を作りました。

Q 足場パイプを使いたいと思ったときに、どんな道具をそろえたらいいの？

A 少し工作するぐらいなら、ラチェットレンチとパイプカッターでＯＫ。本格的なものをいくつも作るなら、機械をそろえたほうがいい。

足場パイプを使って少しのものを作るのであれば、高い道具を買う必要がなく、手動で使える仮設用のラチェットレンチとパイプカッターがあれば十分です。

いくつも建てるのであれば、それなりの値段の機械が必要です。たとえば、切断機以外はコードレスの充電式インパクトレンチなどが便利です。指1本でナットが締められます。私のお気に入りはマキタのリチウムイオンバッテリシリーズの「18Ｖシリーズ」「36Ｖシリーズ」です。万能型のインパクトドライバーにはパワーが弱くネジが緩く締まったり、逆にパワーが強すぎてレンチがすぐ消耗してしまうなど欠点があります。牛舎のような大きなものを作る場合は、専用の機能を持った機械をおすすめします。ただ、値段も張るので、こういう道具に凝るとうちのカミさんいわく、「マキタ地獄」だと……。

機械類で費用がかさむのがバッテリーなどのオプション部品。長く道具を使い続けるのであれば、メーカーを統一するとバッテリーが共有できて便利です。これも、ホームセンターでだいたいそろいます。

松田さん流　設計のポイント

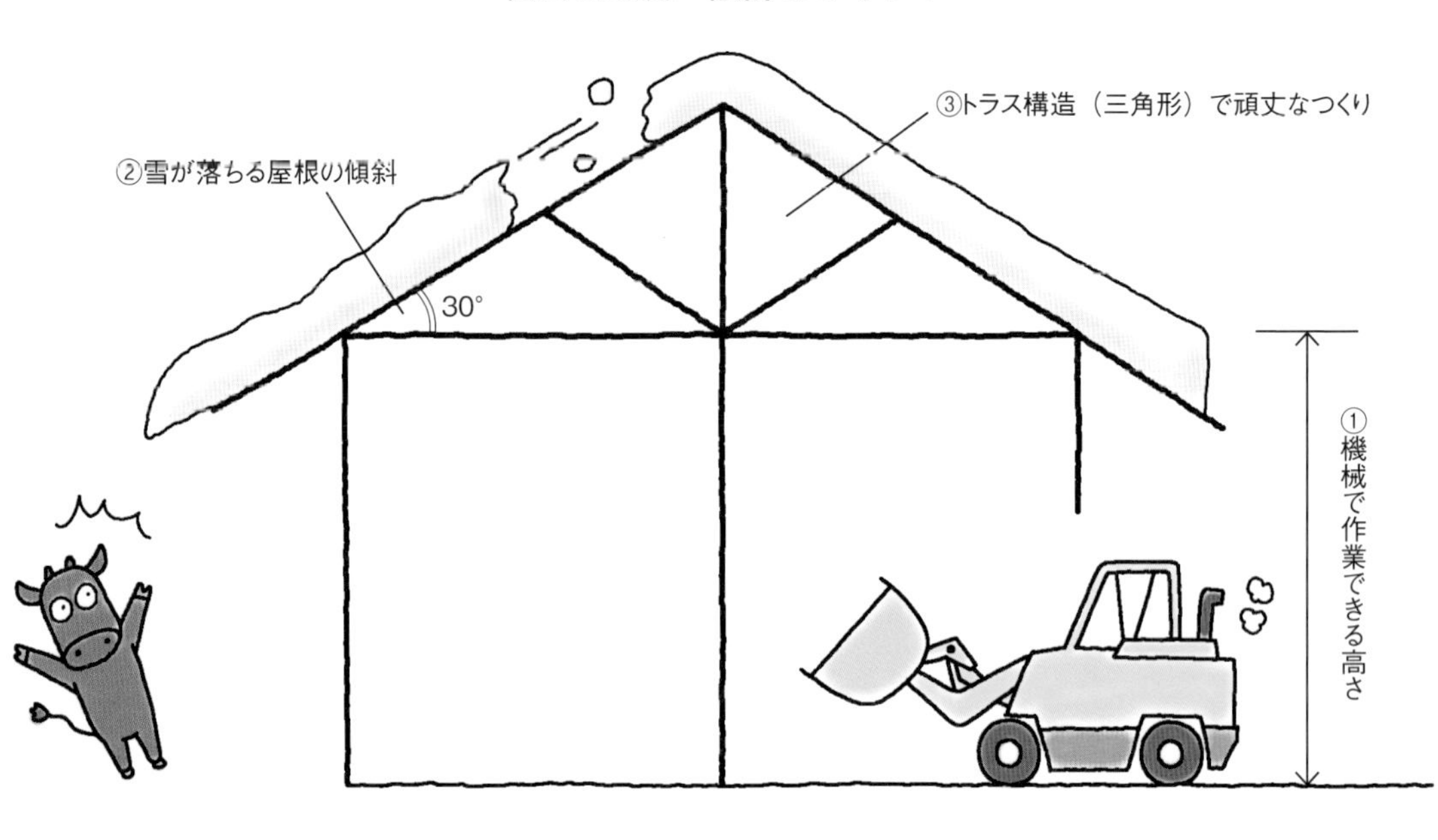

Q 設計って難しそう……

A 積雪量によって強度を決め、建物の中で機械作業するかによって高さを決める。

私が牛舎を設計したとき気をつけたことは、①積雪量と、②牛舎内での機械作業の有無です。

牛舎の強度は、雪が落ちる屋根の傾斜を作れるかがポイントになってきます。私が住んでいる地域では地吹雪で屋根の向きによってあっという間に雪が積もってしまいます。屋根に積もる雪が60㎝以下になるように、傾斜約30度の設計をしました。積雪量が多い地域ほど柱を増やしたほうが頑丈になります。そしてトラス構造にすることも大切です。

高さは牛舎内での機械作業の有無によって決めました。ホイールローダーを使うこともあるので、梁の高さを約3m以上確保すると安全に作業できます。

Q トラス構造を作るときの目安は？

A 正三角形が強度として最強。

82ページでもいいましたが、屋根がつぶれないようにトラス構造を作ると屋根の強度が増します。設計と同様に積

雪量に応じて決めてください。正三角形を作ると、強度はより頑丈になります。

Q 組み立てる順番ってある？

A クランプで組み立てるので、順番は気にしなくて大丈夫。

溶接ではなくクランプで組み立てるのが足場パイプで作る特徴。溶接と違って間違っても簡単にやり直せます。設計した通りにパイプを切断しているなら、どの順番で組み立ててもちゃんと組みあがります。やる前から恐れていても進まないので、まずはやってみましょう。

Q 高いところで作業するのはちょっと怖い……。

A ジャッキで屋根を持ち上げて、柱を接ぐ方法もある。

安全に高所作業する方法は、①仮設の足場を借りるか中古で入手する、②高所作業車を用意する、③屋根をジャッキアップして柱を接ぐ、３つがあります。

高さ１ｍ程度のときに屋根を先に作り、ジャッキ数台を使って片面ずつ持ち上げ、柱を延長しながら設計した高さまで上げます。機械で屋根を持ち上げる方法もありますが、パイプが曲がることもあるので、ジャッキアップするやり方がおすすめです。

私はこのやり方で分娩舎の高さを２ｍほど上げたことも、逆に低くしたこともあります。

メンテナンス

Q 自分で建てると寿命は短くなりそう。どれぐらい長く使えるの？

A 約20年たったけどまだまだ現役。

牛舎は建ててから約20年たちましたが、とくに問題はありません。予想より積雪が多かった年に屋根が変形してしまいました。ユンボで下がった部分を持ち上げて、下から足場パイプを接ぎ足したり、梁と柱の部分にトラス構造をつくり強度を高めるなど改良を加えています。

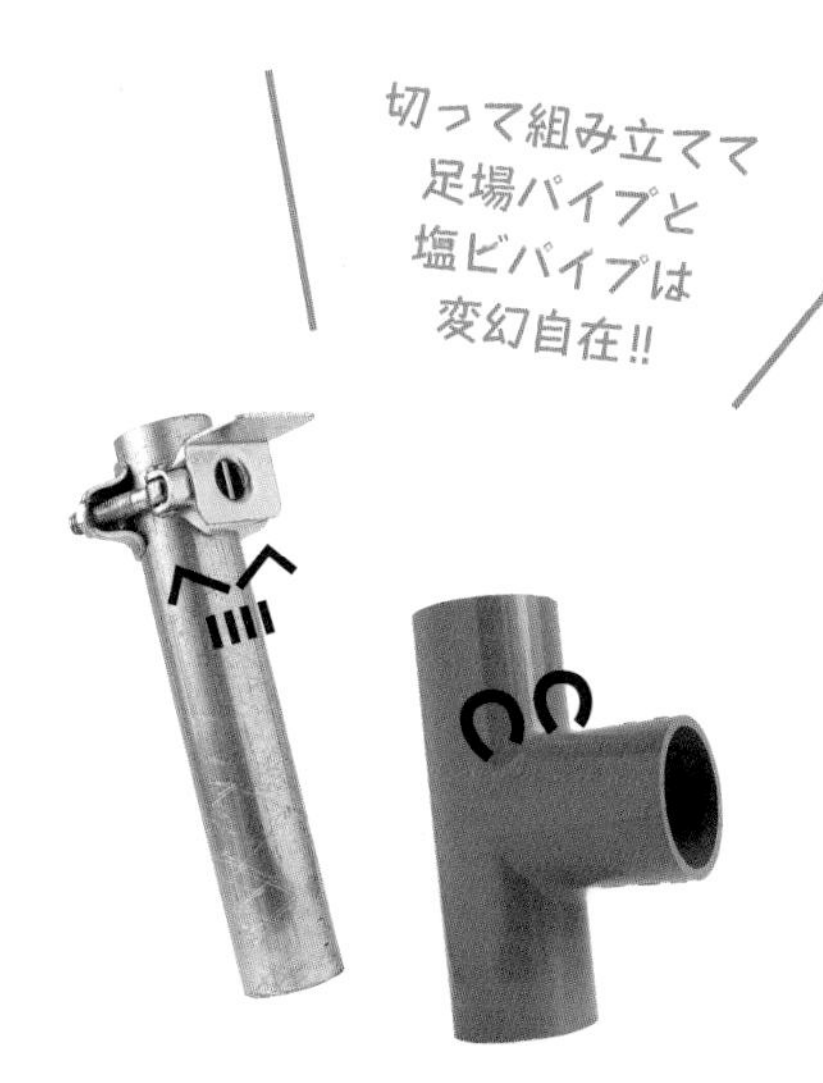

掲載記事初出一覧（タイトルは原題。現代農業発行年．月号）

本書は『別冊 現代農業』2021年 4月号を単行本化したものです。

著者所属は、原則として執筆いただいた当時のままといたしました。

撮 影
●赤松富仁
●小倉かよ
●倉持正実
●佐藤和恵
●田中康弘
●依田賢吾

イラスト
●アルファ・デザイン
●角慎作
●高橋しんじ

農家が教える
足場パイプ&塩ビパイプで便利道具
アイデア農具・小屋・棚DIY

2021年10月5日　第1刷発行
2023年8月5日　第5刷発行

農文協　編

発行所　一般社団法人　農山漁村文化協会
郵便番号 335-0022 埼玉県戸田市上戸田2-2-2
電 話 048(233)9351(営業)　048(233)9355(編集)
FAX 048(299)2812　振替 00120-3-144478
URL https://www.ruralnet.or.jp/

ISBN978-4-540-21152-2　DTP製作／農文協プロダクション
〈検印廃止〉　印刷・製本／凸版印刷㈱